超越自卑

[奥地利] 阿尔弗雷德·阿德勒（Alfred Adler） 著

陈海涓 译

中国出版集团
研究出版社

图书在版编目(CIP)数据

超越自卑/(奥)阿德勒著;陈海涓译.—北京:研究出版社,2016.4
ISBN 978-7-80168-944-3

Ⅰ.①超…
Ⅱ.①阿… ②陈…
Ⅲ.①个性心理学-通俗读物
Ⅳ.①B848-49

中国版本图书馆 CIP 数据核字 (2016) 第 057871 号

责任编辑: 陈侠仁

作　者:(奥地利)阿尔弗雷德·阿德勒　著
译　者:陈海涓
出版发行:研究出版社
　　　　地　址:北京市东城区沙滩北街2号中研楼
　　　　电　话:010-64257481(总编室)　010-64267325(发行部)
　　　　网　址:www.yjcbs.com　E-mail:yjcbsfxb@126.com
经　销:新华书店
印　刷:三河市金泰源印务有限公司
版　次:2016年4月第1版　2016年4月第1次印刷
规　格:710毫米×1000毫米　1/16
印　张:17印张
书　号:ISBN 978-7-80168-944-3
定　价:38.00元

导 言

阿尔弗雷德·阿德勒（Alfred Adler），与弗洛伊德齐名的精神心理学大师。1870年出生于维也纳郊外，自幼患有驼背，行动不便，而他的哥哥却活蹦乱跳，非常活泼，这使得阿德勒觉得自己又小又丑，事事都不如哥哥。五岁那年，阿德勒患了一场几乎致他死命的重病，痊愈之后，他决心要成为一名医生。此后，他生活的目标就是克服儿童时期对死亡的恐惧，他在心理学上的很多观点都可以从他童年时代的记忆中找到蛛丝马迹。

1895年，阿德勒从维也纳大学医学院获得了博士学位。两年后，他与来自俄国的留学生蒂诺菲佳娃娜结了婚。在维也纳期间，阿德勒也和普通的维也纳人一样，经常到咖啡馆跟同学和朋友们一起饮酒作乐、谈天说笑。他友善谦和、不拘小节，因此跟三教九流的人都交上了朋友。

阿德勒熟读弗洛伊德的《梦的解析》，他认为这本书对于了解人性有着莫大的贡献。他曾经在维也纳一本著名的刊物上写文章对弗洛伊德的观点进行辨析，结果弗洛伊德写信给他，邀请阿德勒加入自己所主持的讨论会——有人因此而认为阿德勒是弗洛伊德的学生，其实大谬不然。两人在心理学发展史上的地位是并驾齐驱的，而且二人的学术观点也迥然不同，但是阿德勒仍然在1902年加入了弗洛伊德的组织，并成为这一组织的领导人之一。在此期间，阿德勒受到弗洛伊德的赞誉，并继他之后成了维也纳心理分析学会的主席，同时兼任心理分析学刊的编辑。

1907年，阿德勒发表了有关由身体缺陷引起的自卑感及其补偿的论文，这篇文章使他声名大噪。阿德勒认为，由身体缺陷或其他原因所引起的自卑，一方面，有可能摧毁一个人，使其自甘堕落或激发精神病，但另一方面，也有可能使人发愤图强，力求振作，以补偿自己的弱点。例如富兰克林·罗斯福患有小儿麻痹症，但通过奋斗却最终成为美国总统。有时候某一方面的缺陷也会使人在另一方面求取补偿，例如尼采身体羸弱，但他弃剑就笔，写下不朽的权力哲学。诸如此类的例子，在历史上多得不胜枚举。

此后，阿德勒更加深刻地体会到：不管有无器官上的缺陷，儿童的自卑感总是普遍存在的，因为他们身体弱小，必须仰赖成人才能生活，而且一举一动都要受到成人的控制。当儿童利用这种自卑感作为逃避自己力所能及的事情的借口时，他们便会发展出神经病的倾向。如果这种自卑感在日后的生活中继续存在，它便会形成"自卑情结"。因此，自卑感并不是变态的象征，而是个人在追求优越地位时一种正常的发展过程。

此时，弗洛伊德认为阿德勒的观点是对自我心理学的一大贡献，但又觉得它未谈及本我和超我等部分，而且所谓的"补偿作用"也只是自我的一种功能而已。这是因为阿德勒的观点尚未形成一个独立的系统，等到阿德勒将"补偿作用"作为其中心思想进行宣扬时，弗洛伊德便与他势同水火了。

起初，两人还彼此容忍对方，可是当弗洛伊德要求阿德勒登在其学刊上的文章要先接受荣格的检查时，两人便正式分道扬镳。弗洛伊德致信心理分析学刊发行人，要他把学刊封底上阿德勒的名字除掉，否则就把弗洛伊德的名字去掉！维也纳心理分析学会为了阿德勒的观点曾经开过许多次会，由于弗洛伊德和其他许多人的坚持，阿德勒的观点无法见容于心理分析学派，阿德勒因此率领一群跟随者退出了心理分析学会，另行组建了"自由心理分析研究学会"，并称其研究为"个体心理学"。

决裂之后，阿德勒摒弃了弗洛伊德泛性论的心理分析观点，他认为这是对性的迷信，并以社会的概念来解释男性的钦羡。他并不否认潜意识里动机的实在性，但是他却比弗洛伊德更重视自我的功能。他也不否认梦的解释有其重要的一面，不过他却认为梦是解决个人问题的一种方法，而不是像弗洛伊德那样，事事都用性来解释。例如俄狄浦斯情结的产生，阿德勒认为只是一个被宠坏的孩子对母亲的依赖而已。当然，性欲是存在的，不过它和饥饿、口渴一样，只有在追求优越地位时，这种生物学上的因素才能进入心理学的领域。

第一次世界大战期间，阿德勒曾在奥匈帝国的军队中服役，充当军医。之后，他又在维也纳的教育机构中从事儿童辅导工作。此时，他发现：他的观点不仅适用于父母和子女之间的关系，而且可以涵盖师生关系。

到1920年前后，阿德勒已经声名远扬。在维也纳，有许多学生和跟从者包围着他，他和他们一起度过了许多时光。然后，他周游各国，到处讲学。1926年，阿德勒初抵美国，受到热烈欢迎。1927年，他受聘为哥伦比亚大学讲座教授。1932年，他又受聘为长岛医学院教授。1934年，阿德勒决定在美国定居。次年，他创办了国际个体心理学学刊。1937年，阿德勒受聘赴欧洲讲学。由于四处争聘，他有时甚至要在一天之内分赴两个城市演讲。由于过度劳累，他终因心脏病突发而死于英国阿伯丁市的街道上。

　　阿德勒一生著述颇丰，这部著作完成于阿德勒思想最为成熟的1932年，书中对阿德勒最主要的思想进行了阐述。由于译者水平所限，书中难免存在疏漏之处，尚祈读者不吝指正。

CONTENTS · 目录

第一章　生活的意义 _____ 001

　　生活的意义在于对全人类产生兴趣并与之合作，为我们的世界做出贡献。在赋予生活某种意义的时候可能会犯错误，当遇到问题时，我们应当不断努力，而不能将肩上的重担推给别人，不能口出怨言来博取关注或同情，也不能觉得非常丢脸而自暴自弃。

第二章　心灵与肉体 _____ 021

　　心灵的功能是决定动作的方向，所以它在生活中占据着主宰的地位。同时肉体也影响着心灵，因为做出动作的是肉体。心灵只能在肉体所拥有的以及可能被训练发展出来的能力以内来发号施令、指挥肉体的行动。

第三章　自卑感与优越感 _____ 043

　　每个人都有不同程度的自卑感，如果我们一直保持自己的勇气，就能以直接、实际而完美的唯一方法——改进环境，来让我们脱离这种感觉。优越感的目标是生活的奋斗，是动态的趋向，而不是绘在航海图上的一个静止不动的点。

第四章　早期的记忆　_ 063

在所有的心灵现象中，最能暴露其中秘密的就是个人的记忆。一个人的记忆是他随身携带的，能够让他回想起自己的各种限制以及环境意义的载体。

第五章　梦　_ 085

从科学的观点来看，做梦的人和清醒时的人都是同一个人，因此梦的目的也必须适用于这个一贯、统一的人格。梦是当前的现实问题和个人生活样式之间的桥梁，本来生活样式应该是不需要再强化的，它应该与现实直接进行接触。

第六章　家庭的影响　_ 109

在家庭中，各个成员都应该是平等、合作、团结一致的。家里不应该存在敌对的感觉，也不应该让孩子觉得自己有一个敌人，这样才能够避免不良的后果。

第七章　学校的影响　_ 141

班级里的每个成员都是这个团体中平等的一分子，只有按照这个方向开展教育，孩子们才会真正在彼此之间产生兴趣，并享受到合作的快乐。在教育过程中，我们应当全心全力、想方设法地增加儿童的勇气和信心，并帮他消除那些因为他对生活的解释而为自己能力定下的各种限制。

第八章　青春期的引导　_ 165

如果一个孩子已经学会把自己当成和社会上任何人都平等相待的一分子，并了解自己应该做哪些奉献工作，尤其是如果他已经学会将异性视为平等的伙伴，那么青春期就只是为他提供了一个机会，让他可以对成年人的生活问题做出自己的独立而有创造性的解答。

第九章 　犯罪及其预防 ———— 179

在每个罪犯的背后，我们都能追溯出他们未曾受过合作的训练，也不具备合作的能力。因此，我们知道自己该做的事情就是把合作之道教给他们。假如我们能够训练自己的孩子，使其具有适当的合作能力、让他们发展出对于别人的兴趣，那么犯罪的数量就一定会大为减少。

第十章 　职业问题 ———— 217

分工合作是人类幸福的重要保障，不仅保障了人类的安全，也增加了社会所有成员的机会。父母、老师及所有对人类未来进步和发展感兴趣的人，都应当努力让自己的孩子接受更好的训练，从而让他们在进入成年人的生活时，不至于在分工制度中无法占有一席之地。

第十一章 　个体与社会群体 ———— 229

如果一个人能够成为所有人的朋友，并以美满的婚姻和有价值的工作来做出自己的贡献，他就不会觉得自己不如别人，或是被别人击败了。他会觉得这是一个友善的世界，无论在哪里，他都能够泰然处之，他会遇到自己喜欢的人，应付困难时也能够游刃有余。

第十二章 　爱情与婚姻 ———— 241

爱情以及作为其结果的婚姻，都是对异性伴侣最为亲密的奉献，它表现在心心相印、身体的吸引以及生儿育女的共同愿望中。爱情和婚姻都是合作的一个方面，这种合作不仅是为了两个人的幸福，而且也是为了全人类的利益。

第一章
生活的意义

> 生活的意义在于对全人类产生兴趣并与之合作,为我们的世界做出贡献。在赋予生活某种意义的时候可能会犯错误,当遇到问题时,我们应当不断努力,而不能将肩上的重担推给别人,不能口出怨言来博取关注或同情,也不能觉得非常丢脸而自暴自弃。

人类生活在"意义"之中。我们一生中所经历的事物并不仅仅是单纯的事物，这些事物对我们生活的意义才是最重要的。即使是我们所生存的环境中的那些最简单的事物，人类在接触它们的时候也是将自己的角度作为出发点来看待它们的。"木头"，指的是"与人类自身有关系的木头"；"石头"，也是"作为人类生活因素之一的石头"。如果有人想脱离"意义"的范畴，而让自己仅仅生活在一个单纯的环境中，那么他一定非常不幸：他将丧失自己与周围的人沟通的基础，他的行为无论是对自己，还是对其他人都起不到丝毫作用，都是没有任何意义的。我们一直都是以自己赋予现实的意义来感受现实的，但我们所感受的并非现实本身，而是被我们赋予了意义的现实，或者说我们的感受其实是我们个人对于现实的解释。因此，我们可以顺理成章地说：每个人感受到的生活的意义多多少少总是不完全的，甚至是不正确的，因为"意义"本身就是一个充满了谬误的领域。

假如我们问一个人："生活的意义是什么？"他很可能回答不上来。通常，人们是不愿让这个看似没有意义的问题来困扰自己的，所以总是会用一些陈词滥调来搪塞；或者，人们干脆认为这个问题真的没有意义。然而，我们无法否认，自从人类有自己的历史以来，这个问题就已经存在了。在我们这个时代，不仅是青年，就连一些上了年纪的人也会经常为之困惑："我们为什么而活着？生活的意义又是什么？"自然，无数的事实让我们可以断言：通常人们只有在遭遇失败和挫折的时候，才会发出这样的疑问；假如一个人在一生中没有任何的波澜起伏，也没有遇到过任何的艰难险阻，那么这个问题就不会成为一个问题，也不会被诉诸言辞。

一般情况下，人类会通过自己的行为来诠释生活的意义，几乎每个人都只是把这个问题和它的答案通过自己的行为表现出来。如果我们观察一个人的行为，而完全不顾他的言论，我们将会发现：他的姿势、态度、动作、表情、礼貌、野心、习惯、特征等，无不体现出他本人对于"生活的意义"的理解。他的行为让我们相信，他似乎对某种与生活有关的解释深信不疑，他的一举一动都蕴含着他对这个世界和他自身的看法。他似乎是在用自己的行为来向世人宣告"我就是这样的一个人，而世界就是那样的形态"，这便是他赋予自己以及生活的意义。

生活的意义因人而异，也正因为如此，生活的意义也便多得不可胜数。而且，我们会发现，每一种个体自认为正确的生活的意义，其中可能多多少少都含有错误的成分，没有人拥有绝对正确的生活意义；但同时我们也会发现，无论是哪一种生活的意义，只要有人持这种态度，它就绝对不会是完全错误的。所有的生活的意义都在这两个极端之间不断发生着变化。然而，这些变化——或者说，不同的人所赋予的生活的不同意义却有着高下之分：它们之中有些很美妙，有些则很糟糕；有些错得多，有些则错得少。我们还可以发现：较好的生活意义具有一些共性，而较差的生活意义则普遍缺乏这些特征。这样，我们通过对经验的归纳总结，就可以得到一种相对"科学"的生活意义，它是真正意义上的共同尺度，也是能够让我们应付与人类有关的现实的"意义"。在这里，我们必须牢牢记住："真实"是指对人类的真实，对人类目标和计划的真实。除此之外，没有其他所谓的"真实"。如果还有其他"真实"的存在，它也和我们没有关系，我们无法知道这种"真实"，这种"真实"因此也是没有任何意义的。

每个人都不得不面对三个重要的现实，这也是他必须随时牵挂于怀的。一个人在生活中不得不受这三个现实的制约，他所面临的问题也都是这些现实造成的。由于这些现实无所不在地缠绕着人类，所以我们必须不断地去回答因此而产生的问题，一个人对这些问题的回答能够体现出他本人对于生活意义的理解。

这三个现实之一是：我们居住在地球这个贫瘠星球的表面上，我们没有办法脱离地球的表面去讨生活。换句话说，我们无处可逃，我们必须在这一现实的制约之下，依靠我们居住的这个地球提供给我们的资源来繁衍生息。我们必须保障身体和心灵的健康发展，以保证人类的未来得以延续。这是一个每个人都必须解答的问题，没有人能够逃过它的挑战。无论我们做什么事，我们的行为都是我们对人类生活情境的解答：它们显现出我们心目中认为哪些事情是必要的、合适的、可能的、有价值的。但是这些解答又都被"我们属于人类"以及"人类居住在这个地球上"的事实所限制。

如果我们考虑到人类肉体的脆弱性，以及我们所居住环境的不安全性，那么我们就可以看到：为了我们自己的生命，为了全人类的幸福，我们必须拿出毅力来界定我们的答案，以便让它目光长远且前后一致。这就像我们面对一道数学题一样，我们必须努力地追求答案。不能单凭猜测，也不能希图侥幸，必须用尽我们力所能及的各种方法，坚定地寻求答案。我们虽然不能发现绝对完美的永恒答案，但是，我们却必须用尽所有的才能来找出近似的答案。我们必须不停地奋斗，以找寻更为完美的解答，这个解答必须针对"我们被束缚于地球这个贫瘠星球的表面上"这一现实，以及我们居住的环境给我们带来的种种利益和灾害的现实。

现在，我们来讨论第二个现实。这一现实就是：个人自身并非人类种族的唯一成员，在我们的四周，还有其他人，只要我们活着，就必然要和他们发生联系。单个的人是非常脆弱的，他要受到种种限制，这使得个人在多数情况下无法单独地完成自己的目标。假如一个人孤零零地活着，并且只想凭借一个人的力量来应对一切问题，那他只能面对失败和灭亡。单个的人是无法保全自己的生命的，人类的生命也因而无法延续下去。个体必须和他人发生联系，因为个体的人是脆弱的、无能的、受到种种限制的。为了个人的幸福，同时也是为了人类的福祉，单个的人采取的最重要的步骤就是和别人发生联系。因此，我们对生活问题的每一种答案都必须要把这种联系考虑在内，我们必须认识到：我们生活在与他人的联系之中，假如我们将自己孤立，那必将自取灭亡。这是一个不容置疑的事实，因此，人类最大的问题和目标就在于：在我们居住的这个星球上，和自己的同类合作，来延续我们的生命和人类的命脉。如果我们想要生存下去，我们的情绪、行为就必须与这个问题和目标互相协调。

与此同时，人类还被第三个现实所束缚：人类有两种性别，个体和集体生命的存续都必须依赖于这一现实。由于这一现实的存在，人类社会才产生了爱情和婚姻这两种联系，这是每一个男人或女人都无法回避的。人类面对这一现实时的所作所为，体现了他对生活做出的某种解答。人们可以用很多不同的方式来解决这一现实所带来的问题，他们的行为能够表现出他们认为可以解决这一问题的最佳方法。

　　我们在前面所叙述的这三个现实也带来了三个问题：如何谋求一种职业，以便让我们在地球的天然限制下生存；如何在我们的同类之中获取地位，以便让我们能互助合作并分享合作的利益；如何调整我们自身，以便适应"人类存在有两种性别"和"人类的延续和扩展，有赖于我们的爱情生活"等事实。事实上，这三个问题就是人类不得不去面对的职业、社会和性这三个问题。

　　个体心理学（Individual Psychology）研究发现：对于个体的人来说，生活中的每个问题几乎都可以归纳到职业、社会和性这三个主要问题之下。每个人对这三个问题所做出的反应，都清楚地表明他对生活意义的最深层次的感受。举个例子吧，假如有一个人，他的爱情生活很不完美，他对职业也不够尽心尽力，他的朋友很少，因为他发现和同伴接触是一件痛苦的事。那么，从他在生活中遭遇的这些拘束和限制来看，我们可以断言：他一定会觉得"活下去"是一件艰苦而危险的事，对他来说，生活中的机会太少，而挫折又太多。他的活动范围一定非常狭窄，这与他对生活的意义的判断有很大关系：生活的意义对他来说就是保护自己免遭伤害，所以他倾向于将自己封闭起来，避免跟别人发生联系。反过来说，假如有一个人，他的爱情生活非常甜蜜而融洽，他在工作上取得了可观的成就，他的朋友很多，他的交际范围很广且成果丰硕。据此我们可以断言，这样的人必定会觉得生活是一个富于创造性的过程，在生活中充满了机会，却没有不可克服的困难。对他来说，生活的意义在于与同伴携手共进，并且作为社会的一分子，为人类的幸福贡献出自己的一份力量。

从上述例子中，我们可以归纳出各种错误的"生活意义"有哪些共同特征，各种正确的"生活意义"有哪些共同特征。所有的失败者——神经病患者、精神病患者、罪犯、酗酒者、问题少年、自杀者、堕落者、娼妓……他们之所以称为生活中的失败者，就是因为他们缺乏归属感和社会兴趣。在面对职业、友谊和性等问题时，他们不相信可以通过合作的方法来加以解决。他们赋予生活的意义，是一种属于他们个人理解的意义：他们认为，没有哪个人能够从完成目标中获得利益，他们的兴趣因此也只停留在自己身上。他们争取的目标是一种虚假的个人优越感，他们的成功也只对他们自身有意义。谋杀者在手里握着一瓶毒药时，可能会体会到一种握着权力的感觉，但是，很明显地，他只能让自己相信自己的重要性，对别人而言，拥有一瓶毒药并不能抬高他的身价。事实上，属于私人的生活的意义是完全没有意义的，意义只有在与他人交往时才可能存在。只对某个人意味着某些事情的东西实在是毫无意义的。我们的目标和动作也一样，它们唯一的意义，就是它们对别人的意义。每个人都努力地想让自己变得更重要，但是如果他不能认识到人类的重要性是依赖于他们对别人的生活做出的贡献而定的，那么他就必定会踏上一条错误的道路。

我曾经听说过一则关于一个小宗教团体领袖的故事。有一天，她召集了她的教友，告诉他们：世界末日在下星期三就要来临。教友们在震惊之下，变卖了自己所有的财产，放弃了俗世的杂念，紧张地等待着世界末日的到来。结果，星期三没有发生任何事情。第二天，这些教友聚集在一起，向这位领袖兴师问罪："瞧瞧我们所处的困境吧！"他们说："我们放弃了所有的保障，我们告诉自己遇到的每一个人，世界末日即将来临。当他们讥笑我们的时候，我们还充满信心地说，我们的消息是从最绝对的权威人士那里听来的。现在星期三已经过去了，世界为什么仍然安然无恙呢？""可是，"这位女先知说道："我的星期三并不是你们的星期三哪！"显然，这位女先知在用属于她私人的意义来逃避别人的攻击。因此属于私人的意义实在是禁不起任何考验的。

　　所有真正的"生活意义"的标准是：它们是一种共同的意义，也就是说，它们是别人能够分享的意义，也是能够被别人认定的有效的意义。能够解决一个人所面临的生活问题的好方法，必然也能为解决别人的类似的问题，这些成功的方法对人类来说具有共同的意义，也是可以分享的。即便是天才，也只能用其至高无上的效用来定义，因为一个人的生命只有被别人认定为对他们很重要时，他们才会称这个人为天才。由此，我们可以总结出生活的意义是为团体贡献力量。在这里，我们谈的不是职业动机。我们不管职业，而只注重成就。能够成功地应对人类生活中所存在的问题的人，他的行为方式能够明白地告诉我们：生活的意义在于对别人产生兴趣以及互助合作。他所做的每一件事，似乎都被其同类的喜好所指引，当他遭遇困难时，他会选择用一种不与别人的利益发生冲突的方法来加以克服。

对许多人来说，这很可能是一种新的观点，他们也许会怀疑，我们赋予生活的意义是否真的应该是奉献、对别人产生兴趣和互助合作。他们或许会问："对于自己，我们又该做些什么呢？如果一个人总是考虑别人，总是为了别人的利益而奉献自己，那他难道不会觉得痛苦吗？如果一个人想要让自己得到适当的发展，那他无论如何也应该为自己设想一下吧？我们难道不应该学习怎样保护自身的利益，或是加强自身的人格吗？"这种观点看似正确，但事实上却大谬不然，因为它提出的问题都是虚假的。假如一个人在他赋予生活的意义中，希望能够对别人有所贡献，而且他的情感也都指向了这个目标，他自然就会把自己的人格塑造成理想的形态——一种对他人、对社会都有贡献的状态。他会根据自己的目标来调整自己，他会根据自己的社会感觉来训练自己，他也会从练习中获得种种能力和技巧。只要他认清了目标，那么去学习达成目标的能力和技巧也就成了一件很自然的事情。他会不断地充实自己，来解决生活中的三大问题，他自己的能力也将不断地扩展。让我们以爱情与婚姻为例，如果我们深爱着自己的伴侣，如果我们致力于丰富伴侣的生活，我们自然会竭尽所能地表现出自己的能力和才华。假如我们没有奉献的目标，而只想凭空发展自己的人格，那就只是在装腔作势，只会让自己感到更不愉快而已。

另外，还有一点足以证明奉献才是生活的真正意义。我们可以审视一下祖先留给我们的遗物，你看到了什么？祖先留给我们的，都是他们对人类生活的贡献。我们可以看到祖先们开发过的土地，也可以看到前人建造的公路和建筑物。我们的传统，我们的哲学，我们的科学和艺术，以及我们处理人类问题的各种技能，无不体现了祖先互相交流生活经验的成果。这些成果都是那些对人类幸福有所贡献的人留下的，其他的人又怎么样呢？那些不懂得合作和奉献的人，那些赋予生活另一种意义的人，那些只会问"我该怎样逃避生活"的人，都怎样了呢？他们在死后没有留下一点痕迹，他们已经彻底死亡，他们的整个生命是如此的苍白无力。

　　了解这一事实、秉持这一观念的人在这个世界上比比皆是。他们深深地知道：生活的意义在于对全人类产生兴趣并与之合作，为我们的世界做出贡献，他们也正在努力地培养着爱情和对社会的兴趣。在一些宗教思想中，我们都可以看到这种救世济人的胸襟。世界上所有伟大的运动，都是人们想要让社会获得更大利益的结果，宗教是朝这一方向努力的力量之一。但是宗教的真实内涵经常被曲解；除非它们能够更直接地致力于这项工作，否则以它们现有的表现，很难能够让我们再看出宗教在增加社会利益方面还能做多少工作。由于科学使人类对同类的兴趣大为增加，所以它更能够接近这一目标，也更能让人类了解生活的意义。我们可以从各种不同的角度来探讨这一问题，但我们的目标却始终如一——增加自己对于别人以及社会的兴趣，促进合作，为人类做出更大的贡献。

　　我们赋予生活的意义，就像是我们事业的守护神一样，而我们所赋予生活的错误意义也像恶魔一样附在我们身上。所以，我们必须了解这些意义是如何形成的，它们彼此之间又有哪些不同，如果它们犯了重大错误又应该如何纠正等问题，这是非常重要的。这些问题都属于心理学的研究范畴。心理学之所以有别于生理学或生物学，就是它能够利用对于"意义"以及"意义"对于人类行为、人类未来的影响等事情的了解，来增进人类的幸福。每个人从出生的那一天起，就在摸索、追寻这种"生活的意义"。即便是婴儿，也会想办法去估量一下自己的力量，以及这种力量在他的全部的生活中所占的比例。在生命开始的第五个年头，儿童已经发展出了一套独特而固定的行为模式，这就是他对待问题和工作的模式。此时，儿童就具有了"对这个世界和对自己应该期待些什么"的最深层和最持久的概念。此后，他会利用一张固定的统觉表（Scheme of apperception）来观察周围的世界：经验在被接受之前，就已被预先做出了解释，而这种解释又是按照最先赋予生活的意义进行的。即便这种意义错得一塌糊涂，即便这种处理问题和事物的方式会不断地给自己带来不幸和痛苦，它们也不会被轻易放弃。只有重新审视造成这种错误解释的情境，找出谬误所在，并修正统觉表，这种错误的生活意义才能被矫正。在少数情况下，个体也许会因为自己错误的行为方式所导致的糟糕结果而被迫修正自己所赋予生活的意义，并凭借自己的力量成功地完成这种改变；但是如果没有社会的压力，如果他没有发现自己错误的行为方式，如果他依旧我行我素，他就必然会陷入绝境，那么他肯定不会这么做。在大多数情况下，这种错误的行为方式的修正，很大程度上要借助于某些受过训练而又了解这些意义的专家，他们能够帮助人们发现最初的错误，并给出一种较为合适的生活的意义。

　　人们在童年时的情境可以通过很多不同的方式来进行解释。童年时期不愉快的经验完全有可能被赋予完全相反的意义。对那些不太重视不愉快经验的人来说，他的经验除了能告诉自己去做某些防范措施之外，几乎不会对他们对待生活的态度造成任何影响。他会觉得：

"我们必须努力改变这种糟糕的环境,从而确保我们的孩子不再经历同样不愉快的事情。"另一种人则会觉得:"生活就是如此不公平,别人总是占尽便宜。既然世界这样对待我,我为什么要善待这个世界?"有些父母则这样告诉他们的孩子:"我小时候也遭受过很多苦难,我都熬下去了。为什么你们就不能吃苦?"第三种人可能会这样想:"我童年遭遇了不幸,所以现在我做的每一件事都情有可原。"这三种人对于童年时期的经验的解释都会在他们的行为中得到表现。只要他们没有改变自己的解释,他们的行为就不会有所改变。在这里,个体心理学扬弃了决定论。因为经验并非成功或失败的原因,人们通常不会被经历过的打击困扰,他们只是从中汲取决定自己目标的事物。我们被自己赋予的经验的意义左右:当我们决定将某种特殊经验作为自己未来生活基础的时候,很可能就犯下了某种错误。意义并不是由环境决定的,而我们却被自己赋予环境的意义所操控。

然而,儿童时期的某些情境却很容易孕育出极为严重的错误的意义。在成年人中,大部分失败者都是在这种情境下长大的儿童。首先,我们要考虑那些曾经由于婴儿时期患病或因为某些先天因素而导致身体器官产生缺陷的儿童。这样的儿童在心灵上承受着非常重的负担,他们很难体会生活的意义就是奉献。除非跟他们很亲近的人能够将他们的注意力从他们自身转移到别人的身上,一般情况下,他们只会关心自己的感觉。以后,他们还可能会因为将自己与周围的人进行比较而气馁。在我们现代的文化中,他们甚至还会由于同伴的怜悯、揶揄或逃避而加深内心的自卑感。这些环境都可能让他们丧失在社会中扮演有用角色的希望,并产生自己已经被这个世界侮辱了的错误感觉。

我想我是第一个研究器官存在缺陷及内分泌异常的儿童所面临的困扰的人。现在，这方面的研究虽然已经取得了相当大的进步，但是它发展的方向却不是我想看到的。我一直想找到一种可以克服这种困难的方法，而不是寻找一种证据来证明失败的责任在于遗传或身体上的缺陷。器官的缺陷并不一定会导致人们坚持一种错误的生活模式。我们无法找到内分泌腺对他们产生同样效果的两个儿童。相反，我们经常可以看到克服了这些困难的儿童，他们在克服这些困难的同时，还掌握了非常有用的才能。在这一方面，个体心理学并不鼓吹优生学的选择。有很多对我们文化做出重大贡献的杰出人才都存在器官上的缺陷，他们的健康状况很差，有人甚至英年早逝。然而，这些奋力克服身体或外在环境困难的人，却给我们的社会带来了许多新的贡献和进步。奋斗让他们变得更加坚强，也让他们不停地奋勇向前。只关注他们的肉体，我们是无法判断他们的心灵将会朝着好或坏的方向发展的。可是，事实证明，器官或内分泌腺存在缺陷的儿童，绝大多数都没有被导向正途，他们的困难也没有被他人所了解，结果他们大多数都变得只对自己感兴趣。因此，在幼年时期曾因器官缺陷而感受到压力的儿童中，更多的是失败者。

第二种经常在赋予生活的意义中造成错误的情境，是把儿童娇惯宠坏的情境。被娇宠的儿童大多会期待别人将他的愿望视为命令，他无须努力便可以成为上帝的宠儿。通常，他还会认为，与众不同是他与生俱来的权利。结果，当他进入一个不是以他为中心的情境中，别人也不再以体贴其感觉为主要目的的时候，他就会若有所失，觉得整个世界都亏待了他。他一直被训练为只取不予，而从来没有学会用其他方式来与他人相处。别人老是服侍着他，这使他丧失了独立性，他不知道自己也能做事。当他面临困难时，他只有一种应付的方法——乞求别人帮助。他似乎认为，假如他能够再次获得突出的地位，假如他能够强迫别人承认他是特殊人物，那么他的处境就可以大为改观。

被宠坏的孩子在长大以后，很可能会成为我们这个社会中最危险的群体。他们之中有些人会严重破坏善良的意志：他们会装出一副"媚世"的容貌，来博取擅权的机会，但是却在暗中打击平常人在日常事务上所表现出的那种合作精神。还有些人会做出更公开的反叛：当他们无法得到自己所习惯的谄媚和顺从时，他们就会觉得自己被出卖了；他们认为这个社会对他充满敌意，因此想要对他们所有的同类施以报复。假如这个社会真的对他们的生活方式表现出敌意（这种事经常发生），他们就会将这种敌意作为他们被亏待的新证据。这就是惩罚为什么总是无法产生效果的道理：除了加强这些人"别人都反对我"的信念之外，它们没有任何作用。对那些被宠坏了的孩子来说，无论是暗中破坏还是公开反叛，无论是以柔术驾驭别人还是用暴力进行报复，他们在本质上都犯了同样的错误。事实上，我们发现：他们中有很多人是先后使用这两种不同的方法的，而他们的目标却始终未变。他们觉得："生活的意义就是——独占鳌头，被人们认为是最重要的人物，并得到心里想要的每一件东西。"只要他们继续将此当作生活的意义，那他们所采取的每种方法就都是错误的。

第三种很容易造成错误的情境，是那些被忽视了的儿童所处的情境。这样的儿童从不知道爱与合作为何物，他们构建了一种属于自己的生活解释，却没有把这些友善的力量考虑在内。不难了解，当他在生活中遇到问题时，他总是会高估这些困难，却低估自己解决这些问题的能力以及旁人的帮助和善意。他发现社会曾经对他很冷漠，从此他就误以为社会永远会冷漠地对待他。他不知道自己能够用对别人有利的行为来赢得感情和尊敬，因此，他不但怀疑别人，也无法信任自己。事实上，感情的地位是任何经验都无法取代的。作为母亲，第一件工作就是让自己的孩子感受到她是一位值得信赖的人物，然后她必须将这种信任感扩大，直至它涵盖到孩子生活环境中的方方面面为止。如果她的第一项工作——即获得孩子的感情、兴趣和合作——失败了，那么这个孩子就很难发展社会兴趣，也很难对自己的同伴有友好之感。每个人都有对别人产生兴趣的能力，但是这种能力必须得到启发和磨炼，否则它的发展就会受到挫折。

假如有一个完全被忽视、被憎恨或被排斥的儿童，我们很可能发现：他很孤单，无法和别人正常交往，无视合作的存在，也全然不顾能够帮助他和别人共同生活的任何事物。但是我们说过，在这种环境下的个体必然会死亡。儿童只要度过了婴儿期，便足以证明他已经受到了某种照顾和关怀。因此，我们不讨论完全被忽视了的儿童，我们只考虑那些受到照顾比正常儿童少的儿童，或只是在某一方面受到忽视，而在其他方面却和正常儿童一样的儿童。总之，我们可以这样说：被忽视的儿童肯定还未曾发现值得他信赖的人。我们的文明有一种悲哀的讽刺，那就是：许多生活中的失败者，他的出身都是孤儿或私生子。通常，我们可以把这样的儿童归纳为被忽视的一类儿童。

这三种情境——器官缺陷、被娇纵、被忽视，最容易让人将错误的意义赋予生活。从这些情境中出来的儿童几乎都需要帮助，以此来修正他们看待问题的方法。他们必须被帮助，从而赋予生活较好的意义。假如我们关心过这些事情，也就是说，假如我们对他们有真正的兴趣，也曾在这方面付出努力，我们就将在他们所做的每一件事情中，看出他们的意义。梦和联想已经被证实是很有用处的：做梦时和清醒时的人格都是相同的，但是，在梦中社会要求的压力比较轻，人格能够不经过防卫和隐瞒就表现出来。不过，要了解个人赋予自己和生活的意义，最大的帮助还是来自他的记忆。每种记忆都代表了一些值得回忆的事情——不管他能够想起多么少的一点点。当他回忆时，这种记忆之所以能够被想起，是因为它在他的生活中占有一定的分量。这种记忆告诉他："这是你应该期待的东西"或"这是你应该躲避的东西"，或"造就你的生活"，我们必须再次强调，每种记忆都是值得纪念的。

　　对于表现个人对待生活的特殊方式已经存在多久，以及在指出最先构成其生活态度的环境等方面，儿童早期的回忆是非常有用的。最早的记忆之所以重要，有两个原因。第一，个人对自身和环境的基本估量均包含于其中，它是个人将自己的外貌、对自己最初的整个概念，以及别人对自己的要求等信息初次综合起来的结果。第二，它是个人主观的起点，也是他为自己作记录的开始。因此，在儿童早期的回忆中，我们经常可以发现：他觉得自己所处的那种脆弱和不安全的地位，以及被他视为理想的强壮和安全的目标，二者之间的对比是非常强烈的。至于被个人当作最早记忆的那件事，是否确实是他所能够记起来的第一件事，或者是否是他对真实事情的回忆，对心理学的目的来说，反倒是无关紧要了。记忆的重要性在于它们被"当作"什么东西，在于对它们的解释，在于它们对现在及未来生活的影响。

在这里，我们可以举几个关于最初记忆的例子，并看看它们所造成的"生活意义"。"咖啡壶掉在桌子上，把我烫伤了……这就是生活！"当我们发现采用这种方式开始自述的女孩子总是无法摆脱孤独无助之感而高估生活中的危险与困难的时候，我们不必讶异。假如她在内心责备别人没有好好照顾她，我们也无须惊奇。因为必定有某些人非常粗心大意，才会让这样幼小的婴儿遭受这样的危险！在另一个最初的记忆中，也呈现出类似的世界形象："我记得在3岁时曾经从婴儿车上摔下来。"伴随着这种最初的记忆，他会反复做同一个梦："世界末日已到。我在午夜醒来，发现天空被火照得通红。星辰都纷纷往下坠，我们也将和另一个星球相撞。可是，在撞毁之前，我醒过来了。"当这个学生被问到他惧怕什么东西的时候，他说："我害怕自己不能在生活中获得成功。"他最初的记忆和反复的噩梦构成了足以令他气馁的东西，从而使他害怕失败和灾难。

一个因为夜尿以及和母亲不停地发生冲突而被带到医院来的12岁男孩儿，说自己最初的记忆是："妈咪以为我丢失了。她非常害怕地跑到大街上大声地叫我的名字，但其实我一直藏在屋子里的一个橱柜里。"在这样的记忆里，我们可以得到一种臆测："生活的意义是——用给父母找麻烦来博取关注。获取安全感的方法就是欺骗。我虽然被忽视了，但是我却能愚弄别人。"他的夜尿也是他用来让自己成为担心和关注的中心的一种方法。他母亲对他所表现的焦虑和紧张，则加强了他对生活的这种解释。像前面的例子一样，这个孩子很早就得到了这样一种印象，以为外在世界中的生活总是充满危险的，他只有在别人为他的行为感到担心时才觉得安全。也只有用这种方式，他才能向自己保证：当他需要保护时，别人就会来保护他。

有一位35岁的妇女，她的最初记忆是这样的："3岁那年，有一次，我独自走进地窖。当我在黑暗中走下楼梯时，比我稍大的堂兄也打开门，跟着我走了下来，我被他吓了一大跳。"从这个记忆看来，她可能很不习惯跟其他孩子一起玩耍，尤其是不喜欢和异性在一起。而对于"她是独生女"的猜测，结果被证实是正确的，而且她到了35岁的年龄，也依然没有结婚。

从下面这个例子中，我们可以看出社会感觉更进一步的发展："我记得妈妈让我推着那辆载着妹妹的娃娃车。"在这个例子中，我们还可以看到某些征象的显示：她只有跟比自己弱小的人在一起才觉得自在，还有她对母亲的依赖。当一个婴儿降生时，需要得到年纪较长的孩子的合作，最好是让他们帮忙照顾他，使他们对他产生兴趣，并分担保护他的责任。如果真的得到了他们的合作，他们就不会把父母集中在婴儿身上的注意力视为对他们重要性的一种威胁。

想要跟别人在一起的欲望，并不一定是对别人真正有兴趣的证明。有一个女孩子，在被问到她最初的记忆时这样说："我和姐姐，还有另外两个女孩儿一起玩耍。"在这里，我们当然能够看出她正在慢慢地学习与别人交往，可是，当她说出她最大的惧怕是"怕别人都不理我"时，我们又能觉察到她的挣扎。从中我们还能看出她缺乏独立性的征象。

一旦我们发现并了解了生活的意义，我们就掌握了了解整个人格的钥匙。曾经有人说过："人类的特征是无法改变的。"事实上，只有对那些未能把握住解开此种困境的钥匙的人，这种说法才是正确的。但是，我们说过：假如无法发现最初的错误，那么讨论或治疗也都没有效果，而改进的唯一方法，就在于训练他们更加注重合作以及更有勇气地去面对生活。合作也是我们拥有的防止神经病倾向进一步发展的唯一保障。因此，应当用合作之道来鼓励和训练儿童；在日常工作及平常的游戏中，也应当允许儿童在同龄人之间按照自己的行为方式来做事。事实上，任何对合作的妨碍都会导致最严重的后果。例如，只对自己有兴趣的被宠坏的孩子，很可能将对别人缺乏兴趣的态度带到学校。他对自己的功课有兴趣，只不过是因为他觉得这样做能换来老师的恩宠；他也只愿意选取觉得对自己有利的事物。当他接近成年时，缺乏社会感觉对他的不利影响就会变得越来越明显。当他这种毛病开始发作时，他已经不可能再去为了责任感和独立性来训练自己，而他本身的特质也不足以应付任何生活的考验了。

我们不能因为他的短处而责备他。当他开始品尝苦果时，我们只能设法帮他进行补救。我们不能期待一个没有上过地理课的孩子在这门功课上取得好成绩；我们也不能期待一个未接受过合作之道的训练的孩子，在面临一个需要合作训练的工作时，会有什么良好的表现。但是，每种生活问题的解决都需要合作的能力，而每种工作也都必须在人类社会的架构下，采用能够增进人类福祉的方式来执行，只有了解了生活的意义在于奉献的人，才能够获得较大的机会来成功地克服这些困难。

如果老师们、父母们及心理学家们都能够了解：在赋予生活某种意义的时候可能会犯错误，当遇到问题时，我们应当不断努力，而不能将肩上的重担推给别人，不能口出怨言来博取关注或同情，也不能觉得非常丢脸而自暴自弃。我们应当这样说："我们必须开拓自己的生活。这是我们的责任，我们能够应付它。我们是自己行为的主宰。除旧布新的工作，舍我其谁！"如果每个独立自主的人都能够用这种合作的方式来对待生活的话，那么人类社会就必然进无止境。

第二章
心灵与肉体

> 心灵的功能是决定动作的方向,所以它在生活中占据着主宰的地位。同时肉体也影响着心灵,因为做出动作的是肉体。心灵只能在肉体所拥有的以及可能被训练发展出来的能力以内来发号施令、指挥肉体的行动。

人们对于"究竟是心灵支配肉体,还是肉体控制心灵"这一问题始终争论不休。参加争论的哲学家们分成了唯心、唯物两派,他们各执一词,尽管他们提出了数以千计的论据,但这个问题仍然悬而未决。个体心理学或许有助于这个问题的解决,因为在个体心理学中,我们实际上是在研究肉体和心灵之间的动态关系。亟待治疗的病人都具有肉体及心灵,假如我们进行治疗的理论基础都是错误的,那么我们就无法帮助他们。我们所依据的理论必须是从经验中推导出来的,而它也必须要在实际应用的过程中经得住考验。我们就生活在这些相互的关系中,我们也必须要接受找出正确观点这一挑战。

个体心理学的研究发现在很大程度上消除了这一问题所带来的紧张情势。它不再是一个水火不相容的问题。我们认为肉体和心灵这两者都是生活的表现,它们都是整体生活中的一部分,而我们也已经开始从整体的角度来了解它们之间的相互关系。人类的生活,是可以四处走动的动物的生活,因此只发展肉体对人类而言必然是不够的。植物是生了根的,它们停留在固定的地方无法活动。因此,如果发现植物有心灵,只要是我们所能够了解的任何形式的心灵,都必定会让人感到万分惊奇。即使植物能够预见未来,它们的官能也会让它们无计可施。假定植物能够思考："有人来了，他马上就要踩到我了，我将要死在他脚下了。"可是又有什么用呢？植物仍然难逃此劫。

但是，所有能动的动物，都能够预见并计划自己所要行动的方向。这种事实让我们不得不假设：他们都是具有心灵或灵魂的。

你当然有思想，否则你就不会有动作。

预见运动的方向是心灵最为重要的功用。认清了这一点，我们就能够了解：心灵是如何支配肉体的——它为肉体定下了动作的目标。如果没有需要付诸努力的目标，只是在不同时间激发一些散乱动作的话，那就没什么用了。因为心灵的功能是决定动作的方向，所以它在生活中占据着主宰的地位。同时肉体也影响着心灵，因为做出动作的是肉体。心灵只能在肉体所拥有的以及可能被训练发展出来的能力以内来发号施令、指挥肉体的行动。比方说，如果心灵想要让肉体奔向月亮，那除非它先发明出一种可以克服身体限制的技术，否则它就注定要失败。

人类要比其他动物更善于活动。不仅在于他们活动的方式更多，这一点可从人手的复杂动作中看出来，而且他们也更善于利用自己的活动来改变周围的环境。因此，我们可以预料：在人类的心灵中，预见未来的能力必将获得最高度的发展。人类也必然会明显地表现出一点：他们正在有目的地进行奋斗，以此来提高他们在整个情境中的地位。

在每个人的身上，我们还可以发现：在朝向部分目标的各部分动作以后，还有一个可以囊括一切的单一动作。我们所有的努力都是为了达到一种能够让我们获得安全感的地位，这种感觉就是：生活中存在的各种困难都已经被克服了，而且在环绕着自身的整个情境中，我们也已经得到了最后的安全和胜利。针对这一目标，所有的动作和表现都必须互相协调而结合成一个整体。心灵似乎是为了要获得一个最后的理想目标而被迫发展的，肉体也是如此，它也要努力发展成一个整体。它还向着一种预先存在于胚胎之中的理想目标发展。例如，当皮肤被擦破时，整个身体都会忙着让它复原。但是，肉体并不只是单独地发展自己的潜能，在它发展的过程中，心灵也会给予一定的帮助。运动、训练及一般卫生学的价值都已经得到了证实，这些都是肉体在努力争取其最后目标的时候，心灵提供给身体的帮助。

从生命第一天开始，直到它结束为止，其生长和发展的这种协力合作都在一直延续着，从来都不曾断绝。肉体和心灵就像是组成一个不可分割的整体的两部分，彼此互助合作。心灵有如一辆汽车，它利用自己在肉体中发现的所有潜能，帮忙把肉体带入一种对各种困难来说都属于安全而优越的地位。在肉体的每种活动中，在每种表情和病征中，我们都能够看到心灵目标的铭记。人们各自活动，在自己活动的过程中都有意义存在。人们活动自己的眼睛、自己的舌头、自己脸部的肌肉，这让自己的脸有了一种表情、一种意义，而给予此意义的，正是心灵。现在我们总算可以开始看到心理学（或是心灵的科学）真正是在研究些什么东西了。心理学研究的领域是：探讨个人各种表情中的意义，寻找了解其目标的方法，并用来与别人的目标互相比较。

在争取安全的最后目标时，心灵必须要使这种目标变得具体化，它时时都需要计算："安全位于某一个特定的点，我一定要走到某一个特定的方向，才能接近它。"此时当然有发生错误的可能性，但是假如没有十分固定的目标和方向，就根本不能产生动作。当我抬头时，我心中必然已经存在这种动作的目标。心灵所选择的方向，事实上也可能是有害的，但它之所以被选中，是因为心灵误以为它是最有利的。所有心理上的错误，都是选择动作方向时的错误。安全的目标是全人类所共有的，但是有些人认错了安全所在的方向，而他们固执的动作，则将他们带向了堕落的道路。

如果我们看到一种表现或病征，却无法认出它背后隐藏的意义，那么要了解它的最好方法，就是先将这套动作按照外形分解成简单的动作。让我们用偷窃的表现作为例子。偷窃就是将别人的所有物据为己有。首先，我们先看看这种动作的目标：它的目标是让自己变得富有，并且拥有较多的东西，最终让自己觉得比较安全。因此，这种动作的出发点其实是一种贫穷或匮乏的感觉。其次，我们要了解这个人到底处于何种环境，以及他在什么情况下才会觉得匮乏？最后，我们要看他是否采取了正当的方式来改变这种环境，并克服自身的匮乏感；他的动作是否都遵循着正确的方向；或者他是否曾经错用了获取想要得到的东西的方法。我们不能批评他最后的目标，但我们却可以肯定地指出：他在实现自己的目标时选择了一条错误的途径。

人类对自身环境所作的改变，我们称之为文化，我们的文化其实就是人类的心灵激发肉体所做的各种动作的结果。我们的工作是被我们的心灵启发的。我们身体的发展则受到了心灵的指导和帮助。总而言之，人类的表现到处都充满了心灵的效用。然而，过度强调心灵的分量，却绝非我们的初衷。如果要克服困难，身体的适合是绝对必需的。由此可见，心灵参加控制环境的工作，以便使肉体得到保护，免于虚弱、疾病和死亡，并且避开灾害、意外及功能的损伤。我们感受快乐与痛苦、创造出各种幻想，以及识别出环境优劣等能力，也都有助于完成这个目标。幻想和识别是预见未来的方法。不仅如此，它们还能激起很多种感觉，使身体随之行动。个人的感情能够在很大程度上控制着肉体，可是它们却不会受制于肉体，个人的感情主要是由个人的目标和他本人的生活方式所决定的。

显而易见，能够支配个人的，并不单单是生活方式。如果没有其他力量，他的态度并不足以造成病征。生活方式必须得到感情的加强，然后才能引起行为。个体心理学概念中的新观点使我们观察到：感情绝对不会与生活方式互相对立，目标一旦定下，感情就会为了获得它而去适应自身。此时，我们谈论的已经不在生理学或生物学的范畴之内了，感情的发生是无法用化学理论来解释的，也不能用化学实验来进行预测。在个体心理学中，我们会先假设生理过程的存在，但我们更有兴趣的，却是心理的目标。我们并不是十分关心是否因为交感神经或副交感神经的影响而产生焦虑情绪，我们要研究的是焦虑的目的和结果。

按照这一研究方向，焦虑就不能被认为是由于性的压抑引起的，也不能被认为是出生时难产留下的后遗症。这样的解释太离谱了。我们知道：习惯于被母亲陪伴、帮助、保护的孩子，很可能会发现这样一个事实：焦虑——不管来自哪里，都是控制自己母亲的有效武器。我们也不会只是描述愤怒时的生理状况，并满足于此，经验告诉我们：愤怒是控制一个人或一种情境的工具之一。我们承认：每一种身体或心灵的表现都是以天生的材料为基础的，但是，我们的注意力却集中在了如何应用这些材料，以便获取既定的目标。这就是心理学所研究的唯一的真正的对象。

在每个人的身上，我们都能够看到：感情是依照他获取目标时的必要方向和程度逐渐成长和发展的。他的焦虑或勇气、愉悦或悲哀，都必须与他的生活方式协同一致，它们适当的强度和表现，恰恰能够合乎人们的期望。用悲哀来实现其优越感目标的人，并不会因为目标的达成而感到快乐或满足，他只有在不幸时才会快乐。只要稍加注意，我们还可发觉，感情是可以随着自己的需要而呼之即来或挥之即去的。一个对群众患有恐惧症的人，当他留在家里或指使另一个人的时候，他的焦虑感就会消失。所有神经病患者都会避开生活中那些不能让他们觉得自己是一个征服者的部分。

情绪的格调也像生活方式一样固定。比方说，懦夫永远是懦夫，虽然他在与比他柔弱的人相处时可能会显得傲慢自大，但在别人的护翼下，有时也会表现得勇猛万分。他可能在门上加三道锁，或用防盗器和警犬来保护自己，但同时他又坚称自己勇敢异常。没有人能够证实他的焦虑感，但是他性格中的懦弱部分却在他不厌其烦地保护自己的行为中表露无遗。

性和爱情的领域也能够为我们提供类似的证据。当一个人想要接近自己的性目标时，属于性的感情就必然会出现。为了集中心意，他必须放开有竞争性的工作和不相干的兴趣，只有这样，他才能引起适当的感情和功能。缺少这样的感情和功能。例如：阳痿、早泄、性欲倒错和性冷淡——都是拒绝放弃不适合的工作和兴趣造成的。不正确的优越感目标和错误的生活方式都是导致这种异常的因素。在这一类病例中，我们常常发现：他只期望别人能够体贴他，但他自己却从不体贴别人；他缺乏社会兴趣，在勇敢进取的活动中经常失败。

我有一个病人，一个在家里排行第二的男人，因为无法摆脱犯罪感而觉得痛苦万分。他的父亲和哥哥都非常重视诚实这种品质。当他还是一个7岁的孩子时，有一次他在学校里告诉老师，他的作业是他自己做的，但事实上那是他的哥哥替他做的。这之后，他隐瞒自己的犯罪感长达三年之久。最后，他跑去找到老师，供认了自己那可怕的谎言，但老师却只是一笑置之。接着，他又哭着去见了自己的父亲，第二次认错。这次，他更成功了，父亲深以他的可爱与诚实为荣，不但夸奖他，还安慰了他。尽管父亲原谅了他，这孩子仍然非常沮丧。我们不得不做出这样一种结论：这个孩子为了如此琐碎的小事而这般严厉地责备自己，是为了要证明自己的诚实和严正。他家庭中的高尚道德风气，使他产生了一种在诚实方面超越别人的冲动。在学校功课和社会吸引力方面，他觉得自己不如哥哥，因此，他便想用一种属于自己的方式来获取这种优越感。

在以后的生活中，他更是因为其他各方面的自卑而备感痛苦。他经常手淫，而且在学习过程中也没有完全戒掉欺骗行为。当他面临考试时，他的犯罪感总是逐渐增强。由于他过分敏感的良心，他的负担远远超过了他的哥哥，因此，当他想与哥哥并驾齐驱却又无法实现这一目标的时候，他便以此作为脱身的借口。离开大学之后，他计划找一份技术性工作，但是他强迫性的犯罪感却在此时变得尖刻异常，他每天都需要祈求上帝的原谅，结果他根本就没有可以工作的时间。

后来，他的情况坏到让他被送到精神病收容所的地步。在这里，他被认为是无药可救的。可是，过了一段时间以后，他的病况却大有起色。在离开收容所前，院方要他答应：万一旧病复发，必须再回来入院。以后，他便改行攻读艺术史。有一次，在考试来临前的一个星期日，他跑到教堂去，五体投地地拜倒在众人面前，大声哭喊道："我是人类中最大的罪人！"就这样，他再一次成功地让别人注意到了他的良心。

在收容所又度过了一段时间以后，他回到了家里。有一天，他竟然赤裸裸地走进餐厅去吃中午饭！他是个身材健美的人，在这一点上，他倒是可以和哥哥或其他男人一较长短。

他的犯罪感是使他显得比其他人更为诚实的方法，而他也朝着这一方向挣扎着要获取优越感。但是，他的挣扎却走上了生活中的旁门左道。他对考试和职业工作的逃避，给了他一种懦弱的标志和高涨的无所适从感。他的各种病征都是在有意避开每一种能够让他觉得自己会被击败的活动。显然，他在教堂中的伏拜认罪以及他感情冲动地裸体进入餐厅，也同样是在用拙劣的方法来争取自己的优越感。他的生活方式要求他做出这样的行为，而他激发的感情也是完全合乎内心的。

我们说过，在生命最初的四五年间，个人正忙着构造自己心灵的整体性，并且在自己的心灵和肉体之间建立起一种联系。他利用从遗传中得来的材料和从环境中获得的印象，对它们进行修正，来配合他对优越感的追求。到第五年结束时，他的人格已经成型。他赋予生活的意义、他追求的目标、他趋近目标的方式、他的情绪倾向等，也都已经固定。此后它们虽然也可能会发生改变，但是在改变它们之前，他必须先从儿童时期固定成型时所犯的那些错误中解脱出来。正如他以前所有的表现都与他对生活的解释配合默契一样，现在他的新表现也会与他的新解释密合无间。

个人是以他的感官来接触环境并从其中获得对环境的印象的。因此，我们可以从他训练自己身体的方式中看出：他准备从环境中获取哪种印象，以及他将如何运用自己的经验。如果我们留意他观察和倾听的方式，以及能够吸引他注意力的事物，我们就会对他有一个充分的了解。这就是举动之所以重要的原因。一个人的举动可以显示出他的身体器官受过哪些训练，以及他如何用它们来选择自己所要接受的印象。所以说一个人的举动会永远受制于意义。

现在可以在我们的心理学定义上再添加一点东西——心理学研究的是个人对自己身体印象的态度，那么现在我们可以开始讨论人类心灵之间的巨大差异是如何形成的。不能配合环境而且也无法满足环境要求的肉体，通常都会被心灵当成是一种负担。因此，身体器官有缺陷的儿童在心灵的发展上也比其他人遭遇了更多的阻碍，他们的心灵也很难影响、指使并命令自己的肉体趋向于优越的地位。他们需要花费较多的心力并且必须比别人更集中自己心意，才能达到相同的目标。所以，他们的心灵会变得负荷过重，而他们也会变得以自我为中心。如果儿童总是受到器官缺陷和行动困难的困扰，他们便没有多余的精力去注意外界的事物。他根本找不到对别人产生兴趣的闲情逸致，结果他的社会感觉和合作能力自然也就比其他人差了许多。

器官的缺陷造成了很多的阻碍，但是这些阻碍却绝对不是无法摆脱的命运。如果心灵能够主动地运用自己的能力去克服这些困难，那么个人也可能会与那些负担比较轻的人一样，获得最后的成功。事实上，与身体正常的人相比，器官有缺陷的儿童尽管遭受了许多的困扰，但他们却经常能够取得更大的成就。器官缺陷是一种能够使人前进的刺激。例如，视力不良的儿童可能因为自己的缺陷而感到异常的压力，他需要花费较多的精神才能看清东西，他对视觉的世界必须给予较多的注意力，他也必须更努力地去区分色彩和形状。结果，他在视觉世界里却比不须努力注意微小差异的儿童拥有更多的经验。由此可见，只要心灵能够找到克服困难的正确方法，有缺陷的器官就可以成为重要利益的来源。许多画家和诗人就曾蒙受视力缺陷的困扰，当这些缺陷被训练有素的心灵驾驭之后，它们的主人却能够比正常人更好地运用眼睛来达到多种目的。在天生惯用左手而又未被当成左撇子的儿童中，也很容易看到同样的补偿。在家庭中，或是在学校生活开始之际，他们会被训练使用自己不灵巧的右手。事实上，他们的右手是非常不适合书写、绘画或是制作手工艺品的。但是，假如心灵能够被妥善运用并克服这些困难，那么我们相信他们不灵巧的右手必定会掌握高度的技巧，事实上也是如此。许多惯用左手的儿童比正常人在书法、绘画和工艺方面更富有技巧。找到正确的方法后，再加上兴趣、训练和练习，就能够将劣势转化为优势。

　　只有下定决心要对团体有所贡献但兴趣又无法集中在自己身上的儿童，才能成功地学会补偿自身缺憾的方法。只想着避开困难的儿童，必将继续落在他人的身后。只有在他们面前设置一个可供追逐的目标，而这个目标的达成又比挡在前面的障碍更重要，他们才会继续勇敢地向前进。这是他们的兴趣和注意力指向何处的问题。如果他们努力争取某种身外之物，他们自然会训练自己，使自己具备获得它们的能力。困难只不过是在通向成功的道路上必须要克服的关卡。反过来说，假如他们的想法只是担心自己不如别人，而没有其他目标的话，那么他们就不会真正有所进步。一只笨拙的右手是无法靠着凭空妄想进而变得灵巧的，只有通过练习，它们才会变得灵巧。而达到这种成就的诱因，也必须要比由于长期存在的笨拙造成的气馁，能够更加深刻地被人感觉到。如果一个孩子想要集中全力来克服自己的困难，在他前面就必须有一个需要全力以赴的目标，这个目标是建立在他对现实、对别人以及对合作的兴趣的基础之上的。

我对患有肾管缺陷家族的研究，可以作为遗传性缺陷被转变运用的一个好例子。这种家庭里的孩子经常患有夜尿症。器官的缺陷是真实的，它可以从肾脏、膀胱或脊椎分裂（spina bifida）的存在中看出来。而腰椎附近皮肤上的青痕或胎记，也能使人看出他们的这一部位可能存在此类缺陷。但是，器官的缺陷并却不足以造成夜尿症。这种孩子并不是由于自身器官的压迫才患上夜尿症的，他只是用自己的方式来利用它们。例如，有些孩子在晚上会尿床，可是白天却不会尿湿自己。有时，当环境或父母的态度发生了改变，孩子的这种习惯也会突然消失。假如儿童不再利用器官上的缺陷作为达成某种目的的手段，那么除了心智有缺陷的儿童以外，夜尿症都是可以被克服的。

但是，患有夜尿症的儿童所受到的待遇，使这些儿童中的大多数人都不会去想着克服它，反倒是想继续将它保留下去。经验丰富的母亲能给他提供正确的训练，但假如母亲经验不足，这种不必要的毛病就会持续下去。在患有肾脏病或膀胱疾患的家庭中，和排尿有关的每件事情都会被过分地强调，因此，母亲很可能错误地用尽各种方法来消除孩子的夜尿症。如果孩子发现这一点是多么的受人重视，那么他就有可能不愿治愈自己的疾病。因为它给他提供了一个非常好的机会，以此来表明他对这种教育的反对。假如孩子想反抗父母给他的待遇，他必然会找到属于他自己的方法，并用来攻击他们最大的弱点。德国有一位著名的社会学家发现：在罪犯中，有相当惊人的比例来自那些父母的职业是压制犯罪的家庭，如法官、警察、狱吏等。而教师的子女也经常有些特别顽劣难化的。在我自己的经验中，我也发现这些真的是很常见。我还发现：医生子女中神经病患者的数量和传教士子女中不良少年的数量，都是相当惊人的。同样地，当父母过分重视排尿时，儿童就拥有了一条很明显的用来表明自己已经拥有独立意志的途径。

夜尿症还为我们提供了一个很好的例子，它告诉我们应当如何利用梦来引起适当的情绪，以便配合我们做自己想做的行为。尿床的孩子经常会梦到自己已经起床并且走到了厕所。他们用这种方式原谅了自己之后，就会理所当然地尿在床上。夜尿症要达到的目的通常就是一个——吸引别人的注意力，使别人都听他的，要别人在晚上也要像在白天一样地关注着他。有些情况下，这种习惯是一种敌意的表示，它是反抗别人的方法之一。不管从哪个角度来看，我们能得出这样一个结论：夜尿症实在是一种创造性的表现，这样的孩子不用嘴巴而用膀胱"说话"。器官的缺陷反倒给了他们一种表明自己态度的独特方法。

用这种方法来表现自己的孩子通常都会处于一种紧张的状态下。

通常，他们大多属于被宠惯后又丧失了唯我独尊地位的一群人。也许是由于另一个孩子的出生，他们发现自己再难得到母亲的全部关怀。此时，夜尿症就代表了一种想要与母亲更紧密地接近的动作，虽然它是一种令人感到不愉快的方法，但却很有效，他似乎在说："我还没长到像你想象的那么大，我还需要被照顾呢！"在不同的环境下，或在不同的器官缺陷下，他们会采用不同的方法。他们也许会利用声音来建立与别人的联系，在这种情况下，他们一到晚上就会哭闹不安。有些孩子还会梦游、做噩梦、跌下床或是口渴吵着要喝水。然而，这些表现的心理背景都是类似的。在不同病征的选择上，一部分是由身体的情况决定的，一部分则由环境决定。

　　这些例子都非常清楚地展示出了心灵对于肉体的影响。事实上，心灵不仅能够影响某种特殊病征的选择，它还能支配整个身体的结构。对于这个假设，我们还没有直接的证明，而且要找到这种证明也是相当困难的。然而，它的证据看起来似乎又相当的明显。如果一个孩子是胆小的，那么他的胆小就会表现在他整个的发展过程中。他不关心体格上的成就，甚至不敢想象自己能够达到这种成就。结果，他也不会采用有效的方法来锻炼他的肌肉，而且也拒绝接受平常那些会让人想锻炼肌肉的外来刺激。当对锻炼肌肉有兴趣的其他孩子在体格健美方面遥遥领先时，他却由于缺乏兴趣而落在别人的后面。通过这些讨论，我们可顺理成章地做出总结：身体的整个形状和发展不仅受到心灵的影响，而且可以反映出心灵的错误和缺点。我们经常可以观察到：很多肉体上的表现是心灵无法找到补偿困难的正确方法而造成的结果。例如，我们已经确知，在生命最初的四五年间，内分泌腺本身也会受到心灵的影响。有缺陷的腺体对行为并不会产生强迫性的影响，反之，整个外在环境、儿童想接受印象的方向以及心灵在他感兴趣的情境中的创造性活动等，却能够不断地对腺体施加影响。

另外一个证据可能更容易被了解和接受，因为我们对它比较熟悉，而且它所引起的是身体短暂的表现而不是固定的特质。每一种情绪都会在一定程度上表现到身体上，每个人也都会将自己的情绪表现在某种可见的形式中，也许是他身体的姿势或态度，也许是他脸部的表情，也许是他的腿或膝盖的颤抖。例如，当他脸色变红或转白时，他的血液循环必然已经受到了影响。在愤怒、焦急或忧愁的状态下，肉体都会说话。而肉体在说话时，都是使用自己的语言。当一个人处于他所害怕的情境中时，他可能全身都在发抖，另一个人可能毛发竖立，第三个人可能心跳加快，还有些人会冷汗直流、呼吸困难、声音变哑、全身摇晃而畏缩不前。有时，甚至是身体的健康状态都会受到影响，例如丧失胃口或引起呕吐。对某些人来说，这种情绪主要会干扰膀胱的功能，对另一些人来说受影响的则可能是性器官。有些儿童在考试时会感到性器官受到了刺激；而罪犯在犯了罪之后，常常会跑去找妓女，或去找他们的女友，这也是众所周知的事情。在科学的领域中，我们看到许多心理学家宣称：性和焦虑有密不可分的关系；而另外一些心理学家却主张：它们之间一点关系也没有。他们的观点是依他们个人的经验而定的，对某些人来说，它们之间有关系，但对其他人来说就是没有关系的。

这几种不同的反应属于不同类型的个人，它们很可能被发现多多少少是因为遗传的缘故，而这些不同的身体反应也经常能给我们带来许多暗示，让我们看到其家族的弱点和特质，因为同一家族的其他成员也可能会产生非常类似的身体反应。然而，这里最有趣的事情是：观察心灵如何利用情绪来激发身体的某种状态。情绪和它在身体上的表现告诉我们：心灵在一个被它解释为有利或有害的情境中，如何做出动作和反应。例如，当一个人发脾气时，他总是希望尽快地克服这种情绪，而他找到的最好方法似乎就是打击、辱骂或诋毁另一个人。同时，愤怒也能够影响身体器官，并使这些器官僵止不动，或是给予额外的压力。有些人在生气时，胃部会出毛病，脸孔也会涨得通红。他们血液循环改变的程度甚至会让他们感到头痛。在偏头痛或习惯性头痛的后面，我们经常会发现有异乎寻常的愤怒或羞辱。对某些人来说，愤怒还可能造成三叉神经痛或癫痫性的痉挛。

心灵影响肉体的方法，还没有完全研究清楚，所以我们也无法对它们做出完全的描述。紧张的心情对自主神经系统和非自主神经系统都能产生影响。只要一紧张，自主神经系统就一定会有所动作。有些人可能会拍桌子、咬嘴唇或撕纸片，只要他一紧张，他必然会按照某种方式做出动作。咬铅笔或吸香烟也能作为发泄紧张的方式。这些动作告诉我们：他对自己所面临的情境已经觉得无法忍受了。他在陌生人中间会变得脸红耳赤、手足无措、肌肉颤抖，这也是紧张的结果。紧张能够经由自主神经传遍全身，因此，这种情绪发生时，人的整个身体都会处于一种紧张的状态中。可是，这种紧张的状态并非在身体的每一点都能够同样清楚的表现出来，我们所讨论的病征，只在于其结果能够被发现的地方。如果我们能够更仔细地检查，我们就能发现：身体的每一部分都包含在情绪的表现中，而这些身体的表现又都是心灵和肉体活动的结果。我们必须检视心灵对肉体、肉体对心灵的相互活动，因为二者都是我们所关心的整体的一部分。

我们可以从这些证据中得出一个结论：生活方式和与其对应的情绪倾向，会不停地对身体的发展施加影响。假如儿童很早就固定下自己的生活方式，而我们本身又有足够的经验，那么我们就能够预见他以后的生活中会有哪些身体上的表现。勇敢的人会把自己的态度表现在他的体格中。他的身体会长得与众不同，他的肌肉较为强壮，他的身体的姿势也较为坚定。生活方式及其对应的情绪倾向对身体的发展可能会产生相当大的影响，而它可能就是肌肉较为健美的部分原因。勇敢者的脸部表情也和普通人不一样，结果他的整个外形都异于常人，甚至他骨骼的构造也会受到影响。

我们很难否认，心灵也能够影响大脑。病理学的许多个案显示：由于大脑右半球受损而丧失阅读或书写能力的人，能够通过训练大脑的其他部分来恢复这些能力。有些中风患者，其大脑受损的部分已经完全没有复原的可能性，可是大脑的其他部分却能够补偿并承担起整个器官的功能，这样，他的大脑的官能就可以完全恢复。当我们想证实个体心理学所主张的教育应用的可能性时，这件事就变得特别重要了。如果心灵能够对大脑施加这样的影响，如果大脑只不过是心灵的工具——虽然是最重要的工具，但仍然只是工具而已，那么我们就能找出发展或强化这种工具的方法。大脑生来就不合乎某种标准的人，不必在自己的一生中都无可逃避地受到它的拘束，因为他可以找到使大脑更适合生活的方法。

将目标固定在错误方向的心灵，例如没有努力发展自己的合作能力的人——对大脑的成长就无法施加有益的影响。因此，我们发现：许多缺乏合作能力的儿童，在以后的生活中，总是显示出一副缺乏智力和理解能力的样子。因为成人后的举止能够显示出他人生最初的四五年间所建立的生活方式对他的影响，而且我们也能够清楚地看到他的统觉表和他赋予生活意义的结果，所以我们能够发现他所遭受到的合作障碍，并帮助他进行矫正。在个体心理学中，我们已经向着这门科学迈出了第一步。

有很多学者都曾经指出，在心灵和肉体的表现之间，存在着一种固定的关系。但是，他们之中似乎没有哪个人曾经试图找出二者之间的确实关系。例如，克雷奇默（Kretschmer）曾经告诉我们如何从身体结构中看出一个人与哪种类型的心灵互相对应，这样，我们就能够将大部分的人类区域分成许多种类型。例如：圆脸、短鼻而有肥胖倾向，正如恺撒大帝所说的：

> 我愿自己的四周围绕着肥胖的人，
> 有圆溜溜肩膀的人，能通宵熟眠的人。

克雷奇默认为这种体格与某些心理特征有关，但他却没有说明为什么二者之间会有关联。按照我们的经验，具有这种体格的人似乎都不会有器官上的缺陷，他们的身体非常适合于我们的文化。在体格上，他们觉得能够与别人一较长短。他们对于自己的强壮有着充分的信心。他们不紧张，如果他们希望和别人竞争，他们也会觉得自己能够全力以赴。然而，他们却没有必要把别人当作敌人看待，也不需要把生活视为一种充满敌意的挣扎。心理学中有一派把他们称为"外向者",但却没有说明为什么要如此称呼他们。我们认为他们是外向者,则是由于他们未曾因为自己的身体而产生任何困扰。

克雷奇默区分出的另一个相反类型就是神经质的人。他们之中有些人很瘦小,但通常都是高高瘦瘦,鼻子很长,脸形则是椭圆的。他相信这样的人保守而又善于自省,他们患的大多是精神分裂症。他们是恺撒大帝所说的另一种类型:

卡修士有着枯瘦而又饥饿的外形,
他的计谋太多,这样的人非常危险。

这种人很可能因为遭受了器官缺陷之苦而变得自私、悲观、内向。他们要求的帮助或许比别人要多,但当他们觉得别人对自己的关心不够时,他们就会变得怨恨而多疑。不过,克利雷奇也承认,我们能够发现很多混合的类型,即便是肥胖型的人也可能会产生属于瘦长型身材者的心理特征。我们不难了解:假如他们所处的环境通过另外一种方式给他们增加了许多负担,他们也会变得胆小而沮丧。通过有计划的打击,我们可以把任何一个小孩变成举止像神经质的人。

如果我们有丰富的经验,我们就能从个人的各种表现中看出他与他人合作的程度。人们一直都在寻找这种暗号。合作的需要总是不断地压迫着我们,而我们也一直要凭着直觉找出许多暗示,从而指导我们在混乱的生活中更加稳妥地决定行动的方向。我们知道:在每次历史大变革发生之前,人类的心灵都已经认识到了变革的需要,并努力奋斗着想要促成变革。然而，这种奋斗如果只靠本能来决定的话，就很容易犯错误。同样，人们总是不喜欢那些有非常引人注意的特质的人，例如身体畸形或是驼背的人。人们对他们虽然还不是十分地了解，但是却已经判断出他们不是适合合作的对象。这就是一种很大的错误，不过他们的判断也可能是以其经验为基础的。目前尚未发现有什么方法可以增加遭受这些特质的伤害的人的合作程度，因为他们的缺点总是被过分地强调，而他们也变成了大众迷信的牺牲品。

现在，让我们总结一下。在生命最初的四五年间，儿童会统一自己心灵奋斗的方向，而在心灵和肉体之间建立起一种最基本的关系。他会采用一种固定的生活样式，以及与之对应的情绪和行为习惯。它的发展包括了或多或少、程度不同的合作。从合作的程度上，我们能判断并且了解一个人。在所有的失败者中，最常见的共同点就是他们合作的能力非常差。现在，我们可以给个体心理学一个更进一步的定义：它是对合作缺陷的深入了解。由于心灵是一个整体，而同样的生活样式又会贯穿心灵的所有表现，因此，个人的情绪和思想与生活样式必定是全部一致的。如果我们看到某种情绪很明显地造成了困难，而且违反了个人的利益，那么只想着改变这种情绪是完全没有用的。它是个人生活方式的一种正当表现，只有改变它的生活方式，才能将其斩草除根。

在这里，个体心理学对教育和治疗的未来发展提供了一种特殊的指导。我们绝不能只是治疗一种病征或一种单独的表现，我们必须在整体生活的样式中，在心灵解释经验的方式中，在它赋予生活的意义中，在它为答复由身体和环境接受到的印象而做出的各种动作中，找出其错误的根源。这才是心理学真正应该做的。至于拿针刺小孩儿来看他跳得有多高，或是搔痒来看他笑得有多响，这些实在不适合被称为心理学。但这种做法在现代心理学界却是非常普遍的，虽然它们事实上也能告诉我们某些与个人心理有关的东西，不过也仅限于提供一种充分的证据——固定而又特殊的生活样式是存在的。生活的样式是心理学最适当、最主要的题材和研究对象，采用其他题材的学派，最主要的部分其实都是充满了生理学和生物学的内容。对于那些研究刺激和反应的人来说，对于那些企图找出震惊经验造成的效果的人来说，对于那些研究由遗传得来的能力如何发展的人来说，这样的说法都是正确的。然而，在个体心理学中，我们考虑的却是灵魂本身，是统一的心灵。我们研究的是个人赋予世界和他们自身生活的意义，他们的目标，他们努力的方向，以及他们对生活问题的处理方式。迄今为止，我们所拥有的能够了解心理差异的最好方法，就是观察人们合作能力的高低。

第三章
自卑感与优越感

> 每个人都有不同程度的自卑感,如果我们一直保持自己的勇气,就能以直接、实际而完美的唯一方法——改进环境,来让我们脱离这种感觉。优越感的目标是生活的奋斗,是动态的趋向,而不是绘在航海图上的一个静止不动的点。

个体心理学的重大发现之一——自卑情结，似乎已经闻名于世了。很多学派的心理学家都采纳并且应用了这个名词，并且按照他们自己的方式付诸实践。但是，我却不敢断言他们是否确实了解或者能够正确无误地应用这个名词。例如：告诉病人他正遭受自卑情结的危害是没有用的，这样做只会加重他的自卑感，而不能让他知道应当如何克服这种情结。我们必须找出他在生活样式中表现出来的气馁情绪，我们必须在他缺乏勇气的时候鼓励他。每一个神经病患者都有自卑情结。想要通过有无自卑情结来区分一个病人是神经病患者还是其他疾病患者，是绝对做不到的。如果我们只告诉他"你正在遭受自卑情结的危害"，这样根本无法帮助他增加勇气，因为这就等于告诉一个患有头痛症的人："我能说出你有什么毛病，你患有头痛症！"

有许多神经病患者，如果他们被问到是否觉得自卑时，他们会摇头说："不。"有些人甚至会说："正好相反。我很清楚，我比周围的人都高出一筹！"所以，我们不必问他们，我们只需注意他们的个人行为就行了。在他的行为中，我们能够看出他采用什么诡计，来向他自己展示自己的重要性。例如，当我们看到一个傲慢自大的人时，我们就能猜到他内心的感觉是："别人都瞧不起我，我必须表现一下，让他们知道我是何等人物！"假如我们看到一个在说话时手势、表情过多的人，我们也能够猜出他内心的感觉："如果我不加以强调，我说的话就显得太没有分量了！"举止间处处想要凌驾于他人之上的人，我们不得不怀疑：在他的背后，是否需要做出特殊的努力才能消除自卑感的存在。这就像是一个怕自己个子太矮的人，总要踮起脚尖走路来让自己显得更高一些一样。两个小孩子在比身高的时候，我们常常可以看到这种行为。怕自己个子太矮的人，会挺直身子并紧张地保持这种姿势，以便让自己看起来比实际高度要高一些。如果我们问他："你是否觉得自己太矮啦？"却很难让他承认这个事实。

但是，这也并不是说有强烈自卑感的人就一定是个显得柔顺、安静、拘束而与世无争的人。自卑感的表现方式有千万种，也许我能够用三个孩子初次被带到动物园的故事来说明这一点。当他们站在狮子笼的前面时，第一个孩子躲在母亲的背后，全身发抖地说道："我要回家。"第二个孩子站在原地，脸色苍白地用颤抖的声音说："我一点儿都不怕。"第三个孩子目不转睛地盯着狮子，并问他的妈妈："我能不能向它吐口水？"事实上，这三个孩子都已经感受到了自己正处于劣势，但是每个人却都能按照自己的生活样式，用自己的方法来表现自己的感觉。

每个人都有不同程度的自卑感，因为我们发现自己所处的地位都是我们希望加以改进的。如果我们一直保持自己的勇气，就能以直接、实际而完美的唯一方法——改进环境，来让我们脱离这种感觉。没有人能够长期地忍受自卑的感觉，它一定会促使人们采取某种行动来解除自己的紧张状态。即使一个人已经气馁了，即便他不再认为脚踏实地的努力能够改进自己的处境，但他仍然无法忍受这种自卑感，他仍然会努力地设法摆脱它们，只是他所采用的方法不能对他有所助益。他的目标仍然是"凌驾于困难之上"，可是他却不再设法克服障碍，而是用一种优越感来自我陶醉或是麻木自己。但与此同时，他的自卑感也会越积越多，因为造成自卑的情境仍然是一成不变，问题也依旧存在。他所采取的每一步都会逐渐将他引入一种自欺欺人的境况之中，而他所面临的各种问题也转化为日渐增大的压力，不断逼迫着他。如果我们只看到他的动作，而不去设法予以了解，我们就会以为他是漫无目标的。在他留给我们的印象中，并没有要改进其环境的计划。我们所看到的是：他虽然像其他人一样全心全力想要让自己觉得一切顺利，但是他却放弃了改变客观环境的希望，他所有的举动都带有这样的色彩。如果他觉得自己很软弱，他会跑到能够让他觉得强壮的环境中去。他不是把自己锻炼得更强壮、更有适应能力，而是训练自己，让自己在自己的眼里显得更强壮。他欺骗自己的努力只能获得部分成功。如果他觉得无法应付这一类盘旋不去的问题，他可能会变成一个独裁的暴君，以此来重新肯定自己的重要性。他可以用这种方式来麻醉自己，但是他的自卑感仍然没有任何改善。它们依旧是在旧有情境中产生的旧有的自卑感，它们会变成他精神生活中长久潜伏的暗流。在这种情况下，我们便将其称为"自卑情结"。

现在，我们应该给自卑情结下一个定义。当一个人面对一个无法解决的问题时，同时表示自己绝对无法解决这个问题，此时出现的情绪便是自卑情结。从这个定义中，我们可以看出：愤怒、眼泪和道歉一样，都可能是自卑情绪的表现。由于自卑感总会造成人的紧张情绪，所以争取优越感的补偿动作必然会同时出现，但是它的目的却不在于解决问题。争取优越感的动作总是朝着生活中无用的一面，真正的问题却被遮掩起来或是避而不谈。个人限制了他的活动范围，苦心孤诣地想要避免失败，而不是追求成功。他在困难面前会表现得犹疑、彷徨，甚至会做出退却的举动。

在对公共场所怀有恐惧症的个案中，可以非常清楚地看到这种态度。这种病征表现出一种信念："我不能走得太远。我必须留在自己熟悉的环境里。生活中充满了危险，我必须避免面对它们。"当这种态度被坚决地执行时，他就会把自己关在房间里，或待在床上不肯下来。而在面临困难时，最彻底的退缩表现就是自杀。此时，个人对自己面临的所有的生活问题都已经放弃了解决之道的寻求，他表现出来的信念就是，他对于改善自己的情境已经完全是无能为力了。当我们能够明白自杀必然是一种责备或报复时，我们便能了解个人在自杀时那种争夺优越感的态度。在每起自杀案件中，我们总会发现：死者一定会将他死亡的责任推到某一个人身上。自杀者仿佛在说："我是所有人中最温柔、最仁慈的人，可你却这么残忍地对待我！"

每一个神经病患者多多少少都会限制自己的活动范围，以避免跟整个情境进行接触。他想要与生活中必须面临的现实问题保持距离，并将自己局限在他觉得自己可以主宰的环境之中。他用这种方式为自己筑起一座窄小的城堡，关上门窗，远隔清风、阳光和新鲜空气。至于他是用怒吼喝斥还是低声下气来统治他的领域，则由他的经验来决定，他会在自己尝试过的各种方法之中，选出一种最好而且最有效的方法来达成目标。有时候，他如果对某一种方法感到不满意，他也会尝试用另外一种。但是，不管他用什么方法，他的目标却都是一样的——获取优越感，而不是努力改进其情境。如果一个孩子发现眼泪是驾驭别人的最佳武器，那他就会变成爱哭的娃娃，而爱哭的娃娃又很容易成为患有忧郁症的成人。眼泪和抱怨——这些方法我称为"水性的力量"（water power）——是破坏合作并将他人贬为奴仆的有效武器。这种人与过度害羞、忸怩作态及有犯罪感的人一样，可以从举止看出他们的自卑情结，他们已经默认了自己的软弱以及在照顾自己时的无能。他们隐藏起来而不为人所见的，则是超越一切、好高骛远的目标，以及不惜任何代价去凌驾于别人之上的决心。一个喜欢夸口的孩子，在初见之下，就会表现出这种优越情结，可是如果我们能够观察他的行为而不是只听他的话语的话，那么我们很快就能发现他根本就不会承认的自卑情结。所谓"俄狄浦斯情结"（Oedipus complex）事实上只是神经病患者"窄小城堡"的一个特殊例子而已。一个人如果不敢在外界随心所欲地应付自己的爱情问题，那么他就无法成功地解决这个问题。假如他把自己的活动范围局限于家庭圈子里，那么他也必须要在这个范围内设法解决自己的性欲问题，这不是什么值得奇怪的事情。由于他的不安全感，他从未把他的兴趣扩展到他最熟悉的少数几个人之外。他害怕与别人相处，因为他担心在这种情况下不能再依照他习惯的方式来控制局势。俄狄浦斯情结的牺牲品大多是那些被母亲宠坏了的孩子，他们所受过的教养也使他们相信：他们的愿望是天生就有被实现的权利的，而他们从来就不知道：他们可以凭着自己的努力，在家庭以外的范围去赢得温暖和爱情。在成年时期的生活中，他们仍然牵系在母亲的围裙带上。他们在爱情中所寻找的，不是平等的伴侣，而是仆人；最能让他们安心依赖的仆人无过于他们的母亲。在任何一个孩子身上，都可能形成俄狄浦斯情结，只要我们让他的母亲去宠惯他，不准他把兴趣扩展到其他人身上，并且让他的父亲对他漠不关心。

各种神经病的病征都能够表现出受限制行为的影像。在口吃者的语言中，我们能够看到他犹疑的态度。他残余的社会感觉迫使他与同伴进行交往，但是他对自己的鄙视、他对这些尝试的害怕，却与他的社会感觉互相冲突，结果他在言辞中便显得犹疑不决。在学校里总是屈居人后的儿童，在三十多岁仍然找不到工作或是一直把婚姻问题往后拖的男人或女人，必须反复做出同样行为的强迫性神经病患者，对白天的工作感到十分厌烦的失眠症患者，这些人都展现出了自己的自卑情绪，它让他们在解决生活问题时无法获得进展。手淫、早泄、阳痿和性欲倒错都表现出这样的生活样式，在接近异性时，由于害怕自己行为不当而犹疑不决。如果有人问："为什么这么害怕行为不当呢？"那么这个问题的唯一答案就是："因为这些人把自己成功的目标定得太高了！"

我们已经说过：自卑感本身并不是变态的，它们是人类地位不断增进的原因。例如，科学的兴起就是因为人类觉得自己无知，以及他们需要对未来做出预测，科学是人类在改进自身的整个情境，在对宇宙做出更进一步的探知，在试图更妥善地控制自然时，努力奋斗所取得的成果。事实上，在我看来，我们人类的全部文化都是以自卑感为基础的。想象一下，一位兴味索然的观光客来访问我们人类的星球，他必定会产生如下观感："这些人类呀，看他们各种的会社和机构，看他们为求取安全所付出的各种努力，看他们为了防雨而建造屋顶，为了保暖而穿上衣服，为了交通便利而修建街道——很明显地，他们肯定觉得自己是这个地球上所有居民中最为弱小的群体！"在某些方面，人类确实是所有动物中最弱小的。我们没有狮子和猩猩那么强壮，有很多种动物都比人类更适合单独应付生活中的困难。虽然有些动物也会用团结来补偿它们的软弱，并成群结队地过着群居生活，但是人类却比我们在世界上所能发现的任何其他动物都需要更多、更深入的合作。人类的婴儿是非常软弱的，他们需要多年的照顾和保护。每个人都曾经是人类群体中最弱小和最幼稚的婴儿，如果人类缺少了合作，就只能完全听任环境的宰割，所以我们不难了解：假如一个儿童没能学会合作之道，他必然会走向悲观之路，并形成一种牢固的自卑情结。我们也能够了解：即使是最喜欢合作的个人，生活也会不断地向他提出亟待解决的问题。没有哪个人能够发现自己所处的地位已经接近能够完全控制环境这一最终目标。生命太短，我们的躯体太软弱，可是生活中的三个现实问题却不断地要求人们给出更完美的答案。我们不停地给出我们的答案，然而，我们却绝不会满足于自己的成就而止步不前。无论如何，奋斗总是要继续下去的，但是只有懂得合作的人才会做出充满希望以及贡献良多的奋斗，才能真正地改善我们的共同情境。

我们永远无法到达生命的最高目标，这个事实我想没有人会怀疑。如果我们想象出：一个人或是人类整体，已经抵达了一个完全没有任何困难的境界，我们也必然能够想象出：这种环境下的生活一定是非常沉闷的。每件事都可以被事先预料到，每种事物都能够预先被计算出来。明天不会带给我们意料之外的机会，对于未来，我们也没有什么可以寄望。事实上，我们生活中的乐趣主要来自我们的缺乏肯定性。如果我们对所有的事都能够肯定，如果我们知道了每件事情，那么讨论和发现就将不复存在，科学也将走到尽头。环绕着我们的宇宙也不过是一个只值得述说一次的故事。那些想象中的未曾达到的目标，给予我们诸多愉悦的艺术和宗教，也不再有任何意义。幸好，生活并非这么容易就可以消耗殆尽，人类的奋斗会一直持续下去，我们也能够不断地发现新的问题，并制造出合作和奉献的新机会。神经病患者在开始奋斗时就已经受到了阻碍，他对问题的解决方式始终停留在很低的水准，他的困难也在相对地增大。正常人对自己的问题会怀有逐渐改进的解决之道，他能够接受新问题，也能给出新答案。因此，他拥有为别人贡献的能力，他不甘因为落于人后而增加同伴的负担，他不需要也不要求特别的照顾。他能够按照自己的社会感觉独立而勇敢地解决所有问题。

每个人都会有的优越感目标是属于他一个人的。它取决于个人赋予生活的意义，而这种意义又不只是口头说说而已。它建立在个人的生活样式中，并像他独创的奇异曲调一样地分布其间。然而，在个人的生活样式中，他并没有将目标表现得足够简捷而清晰，可以让我们一目了然。他表现的方式非常含糊，所以我们也只能根据他的举止动作来猜测。了解一种生活样式就像了解一位诗人的作品一样：诗虽然是由文字组成的，但是它的意义却远比它所用的文字更为丰富。我们必须在诗的字里行间推敲它的意义。个人的生活样式也是一种丰富而又复杂的作品，因此心理学家必须学习如何在他的表现中进行推敲，换句话说，他必须学会欣赏生活意义的艺术。生活的意义是在生命最初的四五年间确定的：确定的方法也不是什么精确的数学计算，而是在黑暗中不断摸索，像瞎子摸象一样对整体不了解，只是凭着感觉捕捉到一点暗示后，就做出了自己的解释。优越感的目标也同样是在摸索和绘测中固定下来的，它是生活的奋斗，是动态的趋向，而不是绘在航海图上的一个静止不动的点。没有哪个人对自己的优越感目标清楚到可以将其完整无缺地描述出来。他也许知道他的职业目标，但这只不过是他努力追求的一小部分而已。即使目标已经被具体化，抵达这个目标的途径也是千变万化的。例如，有一个人立志要做医生，但是，立志要成为医生也意味着许多不同的事情。他不仅希望成为科学或病理学方面的专家，还要在自己的活动中表现出对自己和对别人的特殊程度的兴趣。我们能够看出：他训练自己去帮助他的同类可以达到什么样的程度，以及他限制自己的帮忙可以达到什么样的程度。他把自己这个目标作为补偿其特殊自卑感的方法，而我们也必须能够从他在职业中或在其他地方的表现，来猜测出他所欲补偿的自卑感。例如，我们经常发现，很多医生在儿童时期就认识了死亡的真面目，而死亡又是留给他们印象最深刻的人类的不安全一面。也许是他们的兄弟或父母死了，他们以后学习的发展方向，就会转变为为自己或为别人找出更安全、更能抵抗死亡的方法。另一个人也许把成为一名教师当作自己的具体目标，但是我们也很清楚：教师之间的差异是非常大的。假如一个老师的社会感觉很低，他当教师的目的，也许就是想统治比自己更为低下的人，也许只有在与比自己弱小或比自己更缺乏经验的人相处时，他才会觉得安全，才会有优越感。有着高度的社会感觉的教师会平等对待自己的学生，他是真正想对人类做出一番贡献的。在这里，我们还要特别提到的是：教师之间不仅能力和兴趣的差异非常大，他们的目标对自己的外在表现也有很重要的影响。当目标被具体化之后，个人就会调整自己的行为来适应这个目标。他整个目标的原型会在这些限制之下逐步前进，不管遇到什么情况，它都会找出方法来表现自己赋予生活的意义以及他争取优越感的最终理想。

因此，对每一个人，我们都必须要看到他表面之下隐藏的本质。一个人可能改变使自己目标具体化的方法，就像他可能会改变具体目标的表现之一——他的职业一样。所以，我们必须找出其潜在的一致性——其人格的整体。这个整体无论是用什么方式来表现，它都是固定不变的。如果我们拿一个不规则三角形，按照各种不同的位置来摆放它，那么每个位置都会留给我们不同的三角形的印象。但是，如果我们再努力地去观察，我们会发现：这个三角形始终是一样的。个人的整体目标也是如此，它的内涵不会在一种表现中展现得淋漓尽致，但是我们能够从它的各种表现中认出它的庐山真面目。我们绝对不可能对一个人说："如果你做了这些或那些事情，你对优越感的追求就可以得到满足了。"对优越感的追求是极具弹性的，事实上，一个人越是健康、越是接近正常，当他的努力在某一个特殊的方向受到阻挠时，他就越能够另辟蹊径，找到新的门路。只有神经病患者才会认为自己的目标的具体表现是："我必须如此，否则我便无路可走了。"

我们并不打算轻率地刻画出任何对优越感的特殊追求，但是我们却可以在所有的目标中发现一种共同的因素——想要成为神的努力。

有时，我们会看到小孩子毫无顾忌地按照这种方式来表现自己，他们说："我希望变成上帝。"许多哲学家也有同样的理想，而教育家里面也有些人希望把孩子们教育得像神一样。在古代的宗教训练中，我们也可以看到同样的目标：教徒必须把自己修炼得近乎神圣。变成神圣的理想曾以较为温和的方式体现在"超人"的观念之中。据说，尼采（Nietzsche）发疯之后，在写给史翠伯格（Strindberg）的一封信里面，曾经署名为"被钉在十字架上的人"（the Crucified）。发狂的人经常不加掩饰地表现自己的优越感目标，他们会宣称"我是拿破仑"，或"我是中国的皇帝"。他们希望能够成为整个世界关注的焦点，成为四面八方景仰膜拜的对象，成为掌握超自然力量的主宰，并且能预言未来，能够用无线电和整个世界联络并聆听其他人所有的对话。变成神圣的目标也许会以较为合乎理性的方式，表现在无所不知且拥有宇宙间所有智慧的欲望中，或者是表现在使其生命成为不朽的愿望中。无论我们希望保存的是我们俗世的生命，还是想象自己能够经过许多次轮回，而一次又一次地回到人间，又或是我们预见自己能够在另一个世界中永存不朽，这些想法都是建立在变成神圣的欲望的基础上。在宗教的训诲里，只有神才是不朽的，才能历经世世代代而永生。我不打算在这里讨论这些观念的是非对错；它们是对生活的解释，它们是"意义"；而我们也各自在不同的程度上采用了这种意义——成为神，或成为圣。甚至连那些无神论者也希望能够征服神，能够比神更高一筹。我们不难看出，这是一种特别强烈的优越感目标。

优越感的目标一旦被具体化，个人就不会在生活的样式中犯错误。个人的习惯和病征，对于达到其具体目标而言，都是完全正确的，它们都是完美无瑕的。每一个问题儿童，每一个神经病患者，每一个酗酒者、罪犯或性变态者，都采取了适当的行动，以达到他们认为的优越地位。他们不可能抨击自己的病征，因为他们拥有这样的目标，那么也就应该有这样的病征。在一所学校里，有个男孩子，他是班上最懒惰的学生。有一次，老师问他："你的功课为什么老是这么糟？"他回答道："如果我是班上最懒的学生，你就会一直关心我。你从不会注意好学生的，他们在班上又不捣乱，功课又做得好，你怎么会注意他们？"只要他的目标是吸引注意力和让老师烦心，他就不会改变自己的作风。想要让他放弃自己的懒惰是根本不可能的，因为他要达到自己的目的就必须这样做。这样做对他来说是完全正确的，如果他改变了自己的行为，那他就是个笨蛋。另外，有一个在家里非常听话，可是却显得相当愚笨的男孩子，他在学校里总是落后于人，在家里也显得平庸无奇。他有一个大他两岁的哥哥，而哥哥的生活样式却和他迥然不同。他哥哥又聪明又活跃，可是生性鲁莽，不断惹麻烦。有一天，有人听到这个弟弟对他的哥哥说道："我宁可笨一点，也不愿意像你那么粗鲁！"假如我们能够了解他的目标是为了避免麻烦，那么他的愚蠢实在是明智之举。由于他的愚蠢，别人对他的要求也就比较少，如果他犯了错误，他也不会因此受到责备。从他的目标来看，他其实并不是愚笨，而是在装傻。

直至今日，一般的治疗都是针对病征进行的。不管是在医疗上或是在教育上，个体心理学对这种态度都是坚决反对的。当一个孩子的数学赶不上别人，或是学校作业总是做不好时，如果我们只注意到这些，想要在这些特殊表现上让他有所改进，那是根本不会有用的。也许他是想使老师感到困扰，甚至是想让自己被开除从而逃离学校。假如我们在这一点上纠正他，他就会另外寻求新的途径来实现他的目标。这与成年人的神经病正好是相同的道理。例如，假设他患有偏头痛症（migraine），这种头痛对他来说非常有用，当他需要它时，它便会"适时"地发作。由于他的头痛，他可以避免让自己去解决许多社交问题，每当他必须会见陌生人或做出新的决定时，他的头痛便会发作。同时，它还使他有借口对自己的部属或妻子和家属滥发脾气。我们怎么能够期望他会放弃如此有效的工具呢？从他现在的观点来看，他给予自己的痛苦只不过是一种机智的发明，它能够带来各种他所希望的报偿。无疑，我们可以用足以令他震惊的解释来"吓走"这种病征。同时，医药治疗也能够使他在这一点上获得解脱，并使他难以再利用他所选择的这种特殊病征，但是，只要他的目标保留不变，即使他放弃了这种病征，他也会再寻找另外一种。就算"治愈"了他的头痛，他会再害上失眠症或其他新的疾病。只要他的目标没有改变，他就必须继续找出新的毛病。有一种神经病患者能够以惊人的速度甩掉原有的病征，并毫不迟疑地再选用一种新的病征。他们变成了神经病征的"收藏家"，不断地扩充着自己的收藏目录。阅读心理治疗的书籍，只不过是向他们提供了许多他们还没有机会一试的神经病困扰而已。因此，我们必须探求的是他们选用某种病征的目的，以及这种目的与一般优越感目标之间的关系。

假如我在教室里放了一架梯子，然后爬上去，并坐在黑板的顶端，看到我这样做的每个人都可能会想："阿德勒博士发疯了。"他们不知道梯子有什么用，我为什么要爬上去，或我为什么要坐在那么不雅观的位置上。但是，如果他们知道："他想要坐在黑板的顶端，因为如果他身体的位置不能高过其他人，他便会感到自卑。他只有在俯视自己的学生时才感到安全。"他们便不会觉得我疯得那么厉害了。我用了一种非常明智的方法来实现我的具体目标。梯子看上去是一种非常合理的工具，我爬梯子的动作也是按计划而行的。我疯狂的目的只有一个，那就是我对优越地位的渴望。假如有人说服我，让我相信：我的具体目标实在选得太过糟糕，那么我就会改变我的行为。但是，假如我的目标保持不变，而我的梯子又被拿走了，那么我就会用椅子再接再厉地爬上去。假如椅子也被拿走，我就会用跳跃或是运用我的肌肉攀爬等方式来实现这一目标。每个神经病患者都是这个样子的，他们选用的方法都正确无误——这些都无可厚非。我们需要让他们改进的，是他们的具体目标。目标一改变，心灵的习惯和态度也会随之改变。他不必再使用旧有的习惯和态度，因为适合他的新目标的态度会取代这些旧习惯和态度的地位。

让我举个例子吧，一位30岁的妇女，因为遭受着焦虑、无法与人交往的困扰而向我求助。她因为在职业问题上总是无法获得进展，结果在生活上仍然要依赖家庭的供给。她偶尔也会从事一些诸如打字员或秘书之类的小工作，但是由于命运不佳，她遇到的雇主总是想向她求爱，这让她感到烦恼，使她不得不离职。然而，有一次她找到了一个职位，这次她的老板似乎对她毫无兴趣，结果她又觉得自己受到了轻视，于是愤而辞职。她接受心理治疗已经达数年之久，我想大约是8年，但是她的治疗却一直未能使她更容易地与人相处，或让她找到一份能够赖以谋生的职业。

  当我在为她诊疗时,我追踪了她的生活样式,直到她童年生活的第一年(没有学会如何了解儿童的人,是不可能了解成人的)。她是家里最小的女儿,非常美丽,而且被宠爱到令人难以置信的地步。当时,她父母的经济状况非常好,因此她只要说出她的希望,就一定能够得偿所愿。当我听到这些时,我赞叹道:"你像公主一样被服侍得无微不至啊!""是呀,"她回答道,"那时候每个人都称我为公主!"当我要求她说出自己最早的记忆时,她说:"我4岁那年,我记得我有一次走出屋子,看到许多孩子在玩游戏。他们动不动就跳起来,大声叫道:'巫婆来了!'我非常害怕,回家后,我问家里的老仆人,是不是真的有巫婆存在。她说:'真的,有许多巫婆、小偷和强盗,他们会跟着你到处跑。'"从此以后,她便很怕一个人留在房子里,并且把这种害怕表现在她整个的生活样式中。她总觉得自己的力量还不足以离开家,家里的人必须支持她,并且在各方面照顾她。她另外一个早期的记忆是:"我有一个男钢琴老师。有一天,他想要吻我,我钢琴也不弹了,还跑去告诉了我的母亲。以后,我再也不想弹钢琴了。"在此,我们看到她已经学会了要与男人保持一定的距离,而她在性方面的发展,也都遵循着避免发生爱情纠葛的目标前行。她觉得,恋爱是一种软弱的象征。在这里,我必须要提醒读者,有许多人在卷入爱的旋涡时,都觉得自己很软弱。从某些方面看来,他们这样想是没有错的。当我们恋爱时,我们会变得很温柔,我们对另一个人的兴趣也会为我们带来很多烦恼。只有优越感目标是"我决不能软弱,我决不能让人家知道我的底细"的人,才会避免爱情的相互依赖的关系。这种人总是要远离爱情,并且也不会接受爱情。你常常可以注意到:当他们觉得面临坠入情网的危险时,他们就会把这种情况弄糟。他们会讥笑、嘲讽,并揶揄那个可能使他们坠入爱情危险的人。他们用这样的方式来逃避软弱的感觉。

这个女孩子在考虑爱情和婚姻时,也会感到自己的软弱。结果在她从事某种职业时,如果有男人向她求爱,她便会惊慌失措,除了逃避之外无计可施。在她仍然未学会如何应付这些问题时,她的父母相继去世,她的王朝也就此垮塌。她打算找亲戚来照顾自己,但是事情却没有那么如意。没过多久,她的亲戚就对她非常厌倦,再也不愿意给予她所需要的关怀。她很生气地责备他们,并且告诉他们:让她一个人孤零零地生活,是一件多么危险的事情。这样,她才勉强地避免了孤苦伶仃的悲剧。我相信,如果她的家族都完全不再为她烦心,她一定会发疯的。达成她优越感目标的唯一方法,是强迫她的家族帮助她,让她免于应付所有的生活问题。在她的心里,她存着这种幻想:"我不属于这个星球。我属于另一个星球,在那里,我是公主。这个可怜的地球不了解我,也不知道我的重要性。"再往前进一步的话,她就要发疯了,可是由于她自己还有点机智,她的亲戚朋友也还愿意照顾她,所以她还没有踏上这最后一步。

另外还有一个例子,可以很清楚地看出自卑情结和优越情结。有一个16岁的女孩子被送到了我这里,她从7岁起就开始偷窃,12岁起就和男孩子在外面过夜。在她两岁时,她的父母经过长期激烈的争吵后,终于离婚了。她被她的母亲带到外祖母家里抚养,她的外祖母对这个孩子非常宠爱。当她出生时,她父母的争执正处于最高潮,因此她的母亲对她的降临并不高兴。她从未喜欢过这个女儿,在她们之间,一直存在着一种紧张状态。当这个女孩子到我这里来时,我用友善的态度和她谈话,她告诉我:"我不喜欢拿人家的东西,也不喜欢和男孩子到处游荡,我这样做,只是要让我妈妈知道:她管不了我!""你这样做,是为了要报复吗?"我问她。"我想是的。"她回答道。她想要证明自己比母亲强,但是她之所以有这个目标,是因为她觉得自己比母亲更软弱。她感到她母亲不喜欢她,所以她饱受自卑情结的折磨。她认为能够肯定自己优越地位的唯一途径就是到处惹是生非。儿童有偷窃或其他的不良行为,经常都是源于报复之心。

一个15岁的女孩子失踪了8天。当她被找到以后,被带到了少年法庭。她在那里编了一个故事,说自己被一个男人绑架,那男人将她捆起来,关在一间房子里长达8天之久。结果没有人相信她的话,医生亲切地和她谈话,要求她说出实情。她对医生不接受她的谎言感到非常恼怒,于是打了他一记耳光。当我看到她时,我问她将来想做什么事,并给她一种印象,让她觉得我只是对她的命运感兴趣,而且我还能帮助她。当我要求她说出自己以前做过的一个梦时,她笑了,并且说出了这样一个梦:"我在一家地下酒吧里。当我出来时,我遇见了我的母亲。不久,我父亲也来了。我要求母亲把我藏起来,以免让父亲看到我。"她很怕她的父亲,也一直在反抗他。他经常惩罚她,她因为害怕受到惩罚,只好被迫说谎。当我们听到撒谎的案件时,我们必须要看当事人是否有严厉的父母。除非实情被认为富有危险性,否则谎言便是毫无意义的。另外,我们还可以看出:这个女孩子还能与自己的母亲合作。后来,她告诉我:有人引诱她到地下酒吧,她在里面待了8天。因为她怕父亲知道，所以不敢说出实情，但是同时她又希望他能知道这段经过，让他落在下风。她觉得自己一直被父亲压制着，只有在伤害他时，她才能品尝到征服父亲的滋味。

我们要怎么做才能帮助这些用错误方法来追求优越感的人呢？如果我们能够了解：对优越感的追求是所有人的通性，那么这件事情也就不是很难了。知道了这一点，我们就能设身处地去同情他们的挣扎。他们所犯的唯一错误是他们的努力都指向了生活中毫无意义的一面。在每一种人类的行为之后，都隐藏着对于优越感的追求，这是所有对我们的文化有所贡献的泉源。人类的所有活动都沿着这条伟大的行动线——由下到上、由负到正、由失败到成功，逐渐向前推进。然而，真正能够应付并主宰自己生活问题的，只有那些在奋斗过程中也能够表现出利人倾向的人，他们超越前进的方式同时也可以让别人受益。如果我们按照这种正确的方向来对待人，我们便会发现，要让他们悔悟其实并不困难。人类对价值和成功的所有判断，最后总是建立在合作的基础上的，这是作为人类最伟大的共同之处。我们对行为、理想、目标、行动和性格特征的各种要求，都是它们应该有助于人类的合作。要想找到一个完全缺乏社会感觉的人，是根本不可能的。这是一个公开的秘密，就连神经病患者和罪犯也都知道，这一点从他们拼命想为自己的生活样式找出合适的理由，想把责任推到别人身上等行动中就可以看出来。可是，他们已经丧失了向生活中有用的一面前进的勇气。自卑情结告诉他们："在合作中获得成功，没有你的份儿。"他们已经避开了真正的生活问题，而与虚无的阴影作战，目的是重新肯定他们自己的力量。

在人类的不同分工中，存在着很多可供安置不同具体目标的空间。我们说过，每种目标里面都可能包含着少许的错误，而我们也总是能够找出某些可以让我们吹毛求疵的东西。对一个儿童来说，优越的地位可能在于数学知识；对另一个来说，可能又在于艺术；对第三个来说，可能在于健壮的身体。消化不良的孩子可能觉得自己所面临的主要是营养问题，因此他的兴趣可能会转向食物，因为他觉得这样做就能够改变他的身体状况。结果他可能会成为专门的厨师或营养学家。在各种特殊的目标之中，我们都能够看到：与真正的补偿作用在一起的，还有对某些可能性的排拒以及对某种自我限制的训练。例如，一个哲学家事实上必须要远离社会才能思考，才能著作。但是假如他的优越感目标中包含着高度的社会责任感，那么它所犯的错误就不会太大。而我们的合作也需要许多不同的特点。

第四章
早期的记忆

> 在所有的心灵现象中,最能暴露其中秘密的就是个人的记忆。一个人的记忆是他随身携带的,能够让他回想起自己的各种限制以及环境意义的载体。

一个人为了想要达到的优越地位而付出的努力,是整个人格的关键,因此我们在个人心灵生活中的每一点都能够看到它的影像。认清这一点,对于我们了解个人生活样式有两点帮助。首先,我们可以任选一种行为表现来展开我们的研究。不管我们选哪一种,结果都会殊途同归——它们都能够展现出可以作为人格核心的动机。其次,可供我们研究的材料变得非常丰富,每个字、思想、感觉或姿势都有助于加深我们的了解。在考虑某种表现时,由于过分轻率而犯下的任何错误,都可以用其他千万种表现进行检查或矫正。除非我们把一种表现视为整体的一部分并加以了解,否则我们便无法对它的意义作出最后的决定。然而,每种表现都会述说同样的事情,每种表现都会迫使我们趋向一致的答案。我们就像一群考古学家,搜寻着陶器的碎片、古代的工具、建筑物的断垣残瓦、破败的纪念碑、古本书籍的残页,然后从这些残存的物品中推测早已毁灭的整个城市的生活。只是我们研究的并不是已经毁灭的东西,而是人类内部结构的层面。换句话说,就是能够将其本身的意义,以连续的新表现展现在我们面前的活动人格。

了解一个人并非简单之事。在所有的心理学中,个体心理学可能是最难学习和最难应用的。因此我们必须全神贯注，找出其人格的整体。我们必须心存怀疑，直至关键要点昭然若揭。我们必须从细节中搜集灵感，例如一个人进入房间的方式，他在祝贺我们时与我们握手的方式，他微笑的样子，他走路的姿态等。在某一个点上，我们或许会陷入迷魂阵，但是其他部分必定能够马上纠正我们，或是肯定我们。心理治疗的本身就是一种合作的练习和试验。我们只有真正对别人有兴趣，才能获得成功。我们必须设身处地为他设想，他也必须尽自己的力量来让我们增加对他的了解。我们必须将他的态度与他所面临的困难一并解决。即使我们觉得对他已经有了足够的了解，也不足以证明我们就是对的，除非他自己也了解了自己。不能放之四海而皆准的真理，必定不是全部的真理，这说明我们的了解还不够。也许是因为不了解这一点，因此其他学派才提出了个体心理治疗从来都不涉及的"负转移和正转移"（negative and positive transference）等概念。纵容一个放任成性的病人，也许是赢得他好感的最简单的方法了，但很明显，这会加强他驾驭别人的欲望。如果我们轻蔑地忽视他，就容易引起他的敌意，他可能会中止正在进行的治疗，也可能想要让我们道歉，以此证明他的作风是正确的，然后才继续接受治疗。事实上，纵容或轻视都无法很好地帮助他，我们应该向他表示的，是一个人对自己同类应有的兴趣。没有哪种兴趣能够比这种兴趣更真实、更客观。为了他的幸福，也是为了别人的利益，我们必须与他合作，找出他的困难。记住了这一点，我们就不会冒险等待那些令人兴奋的"转移"现象出现，或是摆出一副权威的姿态，或是将他置于依赖和不负责任的境地之中。

在所有的心灵现象中，最能暴露其中秘密的就是个人的记忆。一个人的记忆是他随身携带的，能够让他回想起自己的各种限制以及环境意义的载体。记忆绝不是偶然的，从自己接受的、多得不可计数的印象中挑选出来进行记忆的，肯定是那些他觉得对自己的处境具有极为重要意义的事件。因此，记忆代表了他的"生活故事"，他反复地用这个故事来警告或安慰自己，使自己能够把心力集中在自己的目标上，并且按照过往的经验，准备用已经得到试验的行为样式来应对未来。我们很容易地就能够观察到人们是如何利用记忆来调整自己的情绪的。如果一个人遭遇挫折，感到沮丧，他会回想起以往失败的例子。假如他忧郁成性，他所有的记忆中就都会带有忧郁的色彩。假如他是一个愉悦而富有勇气的人，他就会选择完全不同的记忆，他能想起来的往事都是令他感到愉快的，它们能够让他的乐观主义变得更加坚定。同样，如果他觉得自己正面临着难题，他就会唤起各种记忆，帮助自己调整好应付这些问题的心境。因此，记忆也可以达到和梦一样的目的。许多人在面临决定时会梦见自己曾经顺利通过的那些考验。他们把做决定视为一种考验，因此想重新回到曾经让他们成功过的心境中去。在个人的生活样式中，心境的变化，心境的结构和平衡，都遵循着同样的原则。患有忧郁症的人假如回想起自己成功和得意的日子，就不会再忧郁。如果他告诉自己："我的整个生命都是不幸的。"那他就会只选择那些能够被他解释为不幸命运的事件来回忆。记忆绝不会与生活的样式背道而驰。假如一个人的优越感目标让他有"别人总是在侮辱我"的感觉，他就会选择那些能够被他解释为侮辱的意外事件来回忆。只要他的生活样式发生改变，他的记忆也会随之改变。他会把不同的事情都记住，否则他就会对自己记得的事情做出不同的解释。

　　早期的回忆是特别重要的。首先，它们能够显示出个人生活样式的根源，以及它们最简单的表现方式。我们从中可以做出判断：一个孩子是被宠惯的还是被忽视的，他能与别人合作到何种程度，他愿意与什么样的人合作，他曾经面临过哪些问题，他如何应对这些问题。如果一个儿童患有视力困难的病征，也曾经训练自己看得更为真切，那么在他的早期记忆中，我们能够看到很多与视觉有关的印象。对于自己的回忆，他可能一开始就说："我环顾四周……"也可能会描述各种颜色和形状。因为行动困难而希望自己能跑能跳的儿童，也会把这些兴趣表露在自己的回忆中。从儿童时代起就记下的许多事情，必定与个人的主要兴趣非常接近，假如我们知道了他的主要兴趣，就能够知道他的目标和生活样式。这一事实也使早期记忆在职业性的心理治疗辅导中发挥了巨大的价值。此外，我们在这些回忆中还能看出儿童和父母以及家庭其他成员之间的关系。记忆的正确与否其实并不重要，它们最大的价值是它们代表着个人的判断——"早在儿童时代，我就是这样的一个人了"；或者"在儿童时代，我便已经发现世界是这个样子了"。

　　各种记忆中最富于启发性的，是他讲述故事的方式，以及他能够记起来的最早事件。第一个记忆能表现出一个人最基本的人生观，这是他人生态度的雏形。它给了我们这样一个机会，让我们一见之下，就能看出他是以什么事件作为自身发展的起点的。我在探讨人格时，绝对不会不涉及最初记忆的。有时候人们回答不上来，或宣称自己记不清到底哪件事是最先发生的，但是这种表现本身就很富有启发性。我们可以这样推测：他们不愿意讨论自己的基本意义，或是不想合作。一般来说，人们都很喜欢谈论自己的最初记忆。他们把它当作单纯的事实，却不会想到它背后隐藏的意义。很少有人了解自己最早的记忆，大部分人都会从自己的最初记忆中暴露出生活的目的、他们和别人的关系，以及他们对于环境的看法。我们可以对最初的记忆做细致而深入的探讨，因为其中浓缩了大量的信息。我们可以要求一个班的学生写下自己最早的回忆，如果知道如何解释它们，那我们就掌握了每个儿童的非常有价值的资料。

为了便于说明，下面我举几个与最早记忆有关的例子，并进行解释。除了他们的记忆，我对这些人一无所知，甚至连他们是成人还是儿童都不知道。在他们的最早记忆中发现的意义，应该可以用他们的人格的其他表现进行检查，但是现在我们只是用它们进行训练，以此来加强我们推测的能力。我们必须要知道哪些事情有可能是真的，我们也必须可以将一种记忆与另一种进行互相之间的比较。尤其是我们应该能够看出：一个人受过的训练是让他趋向于合作，还是反对合作；是让他勇气十足，还是胆小沮丧；是让他希望受人支持和被人照顾，还是充满自信且能够独立；是让他准备施予，还是只想接受。

一、在"因为我的妹妹……"的环境中，哪个人在最早记忆中出现，是一件必须要注意的重要事情。当妹妹出现时，我们就能断定：这个人曾经受到妹妹的影响，妹妹在他的发展过程中曾经投下了一层阴影。通常我们会在他们之间发现一种敌对状态，就像他们是在比赛过程中相互竞争一样。我们也不难理解：这种敌对状态会让他的发展遇到很多困难。当一个儿童在心里充满对别人的敌意时，他是绝不会在与别人合作的过程中增强自己对他人的兴趣的。然而，我们的结论也不能下得过早，或许这两个人是好朋友也说不定。

"因为我的妹妹和我是家里年纪最小的，所以在她长大到可以出去之前，我也不能出去。"现在，敌对状态已经变得非常明显了。我的妹妹妨碍了我！她年纪比我小，但我却不得不等着她。她限制了我的机会！如果这是这次记忆的真正意义，那我们就能想象到：这个男孩儿或女孩儿会感到："我生活中最大的危险，就是有某个人在限制我，妨碍我自由地发展。"这个作者很可能是一个女孩子，因为男孩子似乎很少受到这样的限制。

"结果我们在同一天开始了。"站在她的角度，我们不认为这是最适合女孩子的一种教育。它可能为她留下了一个印象：因为她年纪比较大，所以她必须等着妹妹长大。在任何一种情况下，我们都能够看到这个女孩儿在使用这种解释。她觉得自己是为了要顾全妹妹的利益而被忽视的。她会将这种忽视归罪于某一个人，这个人很可能是她的母亲。假如她因此而更依恋父亲，想让自己成为父亲的宠儿，我们也无须感到惊讶。

"我很清楚地记得，妈妈对每一个人说，在我们上学的第一天，她觉得多么寂寞。她说：'那天下午，我跑到大门口好几次，盼望着女儿们放学。我一直怕她们不会再回来了。'"这是对她母亲的描述，从这段描述中，我们可以看出她的行为并不是非常理智的。这是这个女孩子对母亲的看法。"怕我们不会再回来"——很明显，这位母亲是非常慈爱的，她的女儿们也都知道她的慈爱。但是，她同时也是紧张和焦虑的。如果我们能够和这个女孩儿谈谈，她可能会说出更多关于母亲偏爱妹妹的事情。这种偏爱并不值得大惊小怪，因为最小的孩子总是很受宠的。从她整个的最初记忆之中，我可以做出如下总结：两姐妹中年纪较大的姐姐，因为妹妹的敌对地位而觉得自己受到了妨害。在她以后的生活中，我们可能会看到嫉妒和害怕竞争的讯号。假如她不喜欢比自己年轻的女性，那也不能算是一件什么奇怪的事情。有些人在自己的一生中总是觉得自己太老了，许多妒忌心强的女子也都会觉得自己不如年轻的女性漂亮。

二、"我最早的记忆是祖父的葬礼，那是在我3岁时。"这是一个女孩子写的。她对死亡这件事存有深刻的印象。这意味着什么呢？她将死亡视为是生活中最大的不安全、最大的危险。她从儿童时期发生在自己身上的各种事件中总结出了这样一条原则："祖父会死。"我们可能还能发现：她是祖父的宠儿，祖父一直很疼爱她。祖父母几乎都是很疼爱自己的孙儿们的。而且他们不像孩子的父母一样需要承担教育孩子的责任，他们希望孩子们能够依附他们，来证明他们仍然能够获得温情。我们的文化很难让老人觉得自己还有价值，有时，他们会用一些简单的方法来肯定自己——例如喜欢动怒等。在这里，我们不难相信：在这个女孩幼小的时候，她的祖父非常疼爱她，他的宠爱让她对祖父产生了深刻的记忆。当他去世时，她觉得受到了沉重的打击。

"我很清楚地记得，祖父躺在棺材里，脸色苍白，全身僵硬。"我不认为让一个3岁的小孩儿看尸体是明智之举。至少也应该让孩子先在心理上有所准备。孩子们经常告诉我：他们对看到的死人的印象非常深刻，永远无法忘怀。这个女孩子也没有忘掉。这样的小孩儿会努力设法消除或是克服死亡的恐怖。他们的志向经常是要成为一名医生。他们觉得：医生接受的训练使其比旁人更具备对抗死亡的能力。如果我们要求医生说出自己的最初记忆，那通常都会是与死亡有关的记忆。"躺在棺材里，脸色苍白，全身僵硬"——这是对可见之物的记忆。也许这个女孩子属于视觉型，对看到的世界特别感兴趣。

"然后到了坟墓。当棺材被放进墓穴后，我记得那些绳子从那个粗糙的盒子下面拉了出来。"她又告诉我们她所见到的事物了。我们更坚信自己的猜测了：她确实属于视觉型。"这次经验给我带来了深深的恐惧，以后每当提起我任何一个亲戚、朋友或熟人到另一个世界去了，我都会被吓得全身发抖。"

我们又一次注意到了死亡留给她的深刻印象。如果我能够有机会和她谈谈，我会问她："以后你想从事什么职业？"她可能会回答："医生。"假如她回答不出或逃避这个问题，那么我就会给她暗示："难道你不想当医生或是护士吗？"她之所以说"到另一个世界去"，就是对死亡恐惧的一种补偿作用。从她全部的记忆中，我们得知：祖父对她非常好，她属于视觉型，这样死亡就在她的心灵中扮演了极为重要的角色。她从生活中得到的意义就是："我们都会死。"这当然是一个事实，但是一个人最主要的兴趣却绝对不会都在这里，还有很多其他事情能够吸引我们的注意力。

三、"在我3岁的时候，我的父亲……"一开始，她的父亲就出现了。我们可以假设：这个女孩子对父亲的兴趣远远超过了对母亲的兴趣。对父亲的兴趣属于发展的第二阶段，孩子最开始总是对母亲比较感兴趣,因为在最初的一两年里,他和母亲的合作是非常密切的。孩子需要母亲,他依附着她,他所有的心灵活动都牵系在母亲身上。如果他转向父亲,说明母亲失败了。因为孩子对自己的处境已经有所不满,这种结果通常是因为有更小的孩子诞生造成的。如果我们在这段回忆中看到有新婴儿的出现,那就说明我们的猜测是正确的。

"父亲给我们买了一对矮种马。"说明孩子不止一个。我们必须要注意另一个孩子。"他牵着马缰绳把它们带了过来。比我大3岁的姐姐……"看来我们必须要修正刚才的解释了。我们以为这个女孩子是姐姐,事实上她的年纪却比较小。或许姐姐是母亲的宠儿,所以这个女孩儿才会先提起父亲和两匹矮种马的礼物。

"姐姐拿过一条缰索,牵着她的马,得意扬扬地在街上走着。"这是姐姐胜利的姿势。"我的马紧跟着另一匹向前跑,它跑得太快了,我总是追不上。"——这是因为她的姐姐走在了前面!"我摔倒了,马拖着我在地上跑。这次经历以兴高采烈开始,却落了一个凄惨不堪的收场。"姐姐胜利了,她占尽了上风。我们可以断定,这个女孩子想要表达的意思是:"如果我一不小心,姐姐就总会占上风。我会被她击败,被她打得趴倒在地。要想获得安全的唯一方法就是在前面领先。"由此我们也了解到:她的姐姐已经赢得了母亲的宠爱,这才是她之所以转向父亲的原因。

"以后,我的骑术虽然远远超过了姐姐,但却丝毫弥补不了那次的遗憾。"现在,我们所有的假设都已经得到了证实。在两姐妹之间,确实可以看到一种竞争关系的存在。妹妹觉得:"我一直落在后面,我必须设法赶上,我必须超过其他人。"我曾经说过,年纪较小的孩子经常会有一个竞争对手，而且他们一直想要击败这个对手。这个例子就属于这种类型。这个女孩子的记忆加强了她这种态度，记忆对她说道："如果有人在你前面，你就很危险。你必须永远保持第一。"

四、"我最早的记忆是被姐姐带到宴会和各种社交场合。在我刚刚出生那年，她大约18岁。"这个女孩子知道自己是社会的一部分。也许我们在这份记忆中能够发现她的合作程度要比别人高。大她18岁的姐姐对她来说似乎处于母亲的地位。姐姐是家里最宠爱她的人，似乎姐姐曾经用一种很聪明的方式把这个孩子的兴趣扩展到了别人的身上。

"因为在我出生之前，姐姐是家里五个孩子中唯一的女孩儿，她当然喜欢带着我到处去炫耀。"看起来并不像我们想象得那么好。当一个孩子被用来炫耀时，让她感兴趣的可能就变成了"受人欣赏"，而不是奉献自己的才能。"因此，当我还很小的时候，她就带着我到处跑。对于那些宴会，我记得的唯一一件事情就是：姐姐总是喜欢强迫我说话，例如'跟这位小姐说说你的名字'等。"——这是一种错误的教育方法。假如这个女孩子因此患上口吃或是产生某些言语上的困难，我们也不必感到惊讶。口吃的孩子通常是由于别人过分注意到了他说的话。他无法承受这样的压力，无法与别人自然地交谈，所以他会过分地关心自己，并更加希望别人了解自己。

"我还记得，当我说不出话来的时候，回到家里就总会挨上一顿骂，因此我变得很讨厌出门与别人交往。"看来我们最开始的解释必须完全修正了。现在，我们能够看出，她最早记忆隐藏的含义是：

"我被带去与别人接触，但我发现那是很不愉快的。由于有了这些经验，从此之后，我便讨厌这一类的合作。"我们可以想象，即便到了现在，他仍然不喜欢和别人交往。我们可能发现：他会对这些事情感到不自在，他过分注意自己，他觉得必须炫耀自己，并觉得这样的要求过于沉重。他被训练得与众不同，却很难平易近人。

五、"在我的童年阶段，有一件事情在我的记忆中占有非常显著的位置。在我大约4岁那年，我的曾祖母来看我们。"我们说过，祖父母通常都会宠爱他们的孙儿，至于曾祖母如何对待他们，我们还没有讨论过。"当她来看我们时，我们要拍一张四代同堂的照片。"这个女孩子对自己的门第非常感兴趣。由于她这么清楚地记得曾祖母来访，以及与他们合拍照片的事情，我们可以推论：她对家庭的依恋之情非常深。如果我们说对了这一点，我们就会发现，她合作的能力很难超越她家庭圈子的范围。

"我很清楚地记得，我们开车到了另一个镇，当我们抵达照相馆以后，我换上了一件白色绣花的衣服。"也许这个女孩子也属于视觉型。"在我们拍四代同堂的照片之前，我和弟弟先照了一张合影。"我们又看到了她对家庭的兴趣。她的弟弟是家庭的一分子，接下来我们很可能会听到她与弟弟之间更多的关系。"他坐在我身边一把椅子的扶手上，手里握着一个亮亮的红球。"她又再次回忆起了可以看见的东西。"我站在椅子的旁边，手里什么东西也没有。"现在我们已经看到这个女孩子主要的努力目标了。她告诉自己：弟弟比她更受宠。我们猜测，她的弟弟出生并取代了她"最小"和"最受人宠爱"的地位之后，她可能会觉得非常不高兴。"他们让我们笑。"她的意思是："他们想要让我笑。但是有什么值得我笑的呢？他们把弟弟摆上了宝座，还给了她一个亮亮的红球，可是他们给了我什么呢？"

"然后开始拍四代同堂的照片。除了我以外，每个人都想摆出自己最好看的样子。我一点儿都没有笑。"她对自己的家庭表示抗议，因为家里人待她不够好。在这个最早的记忆中，她并没有忘记告诉我们，家里人是如何对待她的。"当他们要弟弟笑的时候，弟弟笑得好甜。他好聪明。从此之后我便一直很讨厌拍照片。"她的回忆让我们领悟到大多数人应付生活的方式。我们得到了一种印象之后，就总是喜欢用它来解释其他的事情。已经很清楚了，她在拍那张照片时觉得很不愉快，以后就讨厌拍照片了。我们经常能够发现：当一个人讨厌某一事物，并且要找到一个厌恶的理由时，他通常会从自己过往的经验中挑选出某些东西来作为解释。这段最早的记忆给我们提供了关于作者人格的两个主要暗示。第一，她属于视觉型。第二点比较重要，她对家庭的依赖感很强。她最初记忆的所有情节都发生在家庭圈子内部。因此，她很可能不适应社会生活。

六、"我最早的记忆之一大约发生在我3岁半的时候，当时发生了一桩意外事故。为我父母工作的一个女孩子把我们带到了地窖里，让我们尝苹果酒。我们都很喜欢这种酒。"发现地窖里面有苹果酒一定是件很有趣的事情。那是一种探险的历程。如果现在就要我们下结论，那么可以在以下两种猜测中选其一。或许这个女孩子很喜欢遭遇新环境，在处理生活中的问题时充满了勇气。反过来说，也许她是另外一种意思：有许多意志较强的人会引诱我们，引导我们走向堕落之途。这段记忆其余的部分会帮我们进一步作出判断。"过了一会儿，我们决心再多尝一些酒，因此我们就自己动手了。"这是一个有勇气的女孩儿，她想要独立自主。"没过多久，我的腿开始不听使唤，它们失去了走动的能力。因为我们把苹果酒都倒在了地上，所以地窖也变得潮湿不堪。"在这里，我们看到了一个禁酒主义者的诞生！

"我不知道是不是这次意外让我不喜欢苹果酒以及其他含酒精的饮料的。"一件小小的意外成了整个生活态度的诱因。如果我们只凭着常识去想象，就无法知道这种意外的分量是否足够导致这样的结果。但是，这个女孩儿私下里却把它当成了自己不喜欢酒类饮料的原因。我们很可能会发现，她是一个懂得如何从错误中学习的人，她可能具有独立性，犯了错也能够勇敢地改正。这个特征能够描绘出她整个的生活。她仿佛在说："我犯了过错。但是当我发现自己的过错时，我就改正它。"如果真是这样的话，她将成为一个良好的典型：主动，在奋斗中充满勇气，不断改善自己的处境，一直寻找更好的生活方式。

在这些例子中，我们只是在训练一种推测的艺术，在确认我们得出的结论正确无误之前，我们必须多看看人格在其他方面的表现。现在，让我们举几个实际例子来说明：从人格的各种表现中，我们能够看到它的一贯性。

一个患有焦虑性神经病的35岁男人跑到我这里来，对我说，只有在离开家的时候，他才会焦虑。曾经有好几次，他勉勉强强地找到了工作，但是，只要一进入办公室，他就开始了整日的呻吟，一直到晚上回到家，与母亲坐在一起之后才停下来。当我要求他说出自己最早记忆的时候，他说："我记得4岁时，坐在家里靠近窗户的地方，看到街上有好多人在工作，觉得很有意思。"他想要看别人工作，但自己却只想坐在窗边看着。假如要改变他的心理状况，就必须改变他不想跟别人一起工作的想法。他一直觉得生活的唯一方法就是从别人那里获得帮助。我们必须改变他的整个的人生观，责备他是没有任何意义的。我们也没有办法用医药或切除分泌腺的方式来让他悔悟。但是，他的最初记忆却让我们比较容易向他建议一份能够让他感兴趣的工作。我们发现他患有重度近视，由于这一缺陷，他需要非常注意才能够看清东西。当他开始遭遇职业问题时，他总是在继续去"看"，而不是在"工作"。但这两件事情并不是尖锐对立的。当他痊愈之后，他开了一间画廊。他用这种方式在这个分工协作的社会中贡献出了自己的力量。

一个32岁患有歇斯底里亚性失语症的男人来寻求治疗。除了啜嚅作声之外，他几乎说不出任何话来。这种情况已经出现了两年之久，最开始是有一天他踩到了香蕉皮，摔倒时撞在了出租车的玻璃窗上，他呕吐了两天，之后就患上了偏头痛。无疑，他得了脑震荡，但是喉咙部分却并没有发生机体上的变化，脑震荡并不足以成为他无法说话的原因。他完全说不出话的时间长达8天之久。因为这起意外，他上诉法院，直到现在，仍然纠缠不休。他把整个事件归咎于那个出租车司机，并且要求汽车公司予以赔偿。我们不难理解：假如他丧失了某种能力，那么他在诉讼中所占的地位就将有利得多。我们无须说他意图欺骗，因为他本就没有大声说话的必要。也许他在意外事件之后，发现自己确实说话困难，之后他也不觉得自己有必要做出改变。

这个病人曾经去看过一位喉科专家，但是专家却找不出什么毛病。当我们要求他说出最早记忆时，他告诉我们："我躺在摇篮里，来回晃荡着，我记得看见挂钩脱落了，摇篮掉下来了，我也受了重伤。"没人喜欢摔跤，但这个人却过分地强调摔跤。他的注意力全都集中在了摔跤的危险上，这是他最主要的兴趣。"当我摔下来时，门开了，妈妈惊慌失措地跑了进来。"他曾经用摔跤来吸引母亲的注意力，此外，这个记忆还是对妈妈的一种谴责——"她没有照顾好我"。同样，出租车司机和汽车公司也都犯了类似的错误，他们都没有照顾好他。这是一种被宠坏了的孩子的生活样式，他们总想着让别人去承担责任。"5岁时，我的头上顶着一块木板，从20英尺（1英尺＝0.3048米）高的楼梯上摔了下来。我有5分多钟说不出话来。"看来这个人对丧失语言能力是相当拿手的，他训练有素地将摔跤当成了拒绝说话的原因。我们无法将摔跤视为是失语的原因，但是他却能够如此。他在这方面经验丰富，只要一摔跤，他就自然而然地说不出话来。如果想要治愈他，就必须要让他知道自己犯了错误：摔跤和丧失语言能力之间是没有任何关系的。同时，还要让他意识到，在一次意外事件之后，他没有必要喏嚅作声长达两年之久。但是，在这个记忆中，还为我们展现出了他为什么难以理解这些事情的原因。"我的妈妈又冲了出去。"他继续说道，"看起来非常激动。"在两次意外事件中，他的摔跤都吓坏了母亲，并且吸引了她对自己的注意力。他是一个想要被宠爱，想要成为别人关注的焦点的孩子。这样我们就能够理解，为什么他要让别人为自己的不幸付出代价。其他被宠坏了的孩子如果发生同样意外的话，也会这么做的，只是他们可能不会采用言语失常的手段而已。这是这位病人的特殊标志，这也是他从经验中建立起来的生活样式的一部分。

  一个26岁总是抱怨找不到满意工作的男人来找我。8年前，他的父亲安排他进入经纪行业中，但他一直不喜欢干这一行，最近他终于辞职了。他想再找个工作，却一直没能成功。他还抱怨自己难以入睡，经常会产生自杀的念头。当他放弃经纪人的工作之后，他曾经离开家到另一个城镇找了一份工作。但是不久他就听到了母亲病重的消息，结果又回到家里跟家人一起生活。

  从他的经历中，我们怀疑他的母亲对他非常溺爱，而他的父亲却对他滥施权威。我们很可能会发现这样一个事实：他的生活就是对父亲威严的反抗。当我们问他在家庭中的排行时，他说自己是最小的那个，而且是家里唯一的男孩儿。他有两个姐姐，大姐老是想管他，二姐也差不多。父亲对他总是吹毛求疵，因此，他深刻地感到：整个家庭都在压迫着他，只有母亲是他唯一的朋友。

  他一直到14岁才开始上学。后来，父亲把他送进了农业学校，因为只有这样他才能在父亲计划要购买的农场里给父亲帮忙。这个孩子在学校里的表现相当优秀，但是他不愿意当农民。所以，父亲才把他安排到了经纪行业。奇怪的是，他竟然在这份工作上熬了8年之久。但是他说：他之所以能够坚持这么久，完全是为了自己的母亲。

  童年时，他是懒散而胆小的，怕黑，怕孤单。当我们听到懒散的孩子时，就知道有某个人习惯于帮他收拾东西。当我们听到怕黑、怕孤单的孩子时，就知道某个人经常在注意他、抚慰他。对这个青年来说，这个人就是他的母亲。他不觉得与人交朋友是件简单的事，但是当他周旋在陌生人中间时，却也觉得相当自在。他没谈过恋爱，对谈恋爱也不感兴趣，而且也不想结婚。他认为父母的婚姻是不美满的，这也能够从侧面帮我们了解为什么他本人不想结婚。

父亲仍然逼迫他，要他继续从事经纪人这个职业。他本人很想在广告界工作，但他却认为家里不会给他钱，让他开拓自己的事业。在每一个点上，我们都能够看到他行动的目的是为了反抗自己的父亲。当他从事经纪人工作时，他已经能够自立，可他却没有想过用自己的钱去学习广告工作方面的知识。直到现在，他才想起要把这当作自己对父亲的新要求。

他的最初记忆明显地显示出一个被宠坏的孩子对于严厉父亲的反抗。他还记得自己是如何在父亲的餐馆中工作的。他喜欢擦洗碟子，并且把它们从一张桌子上搬到另一张。他这种玩弄碟子的作风惹恼了父亲，父亲当着顾客的面给了他一记耳光。他用这个早期记忆作为自己对父亲抱有敌意的证明，此后他的全部生活就变成了反抗父亲的一场战争。他并没有工作的诚意。只要能够伤害到父亲，他就完全满足了。

他自杀的念头也很容易解释。每起自杀案件都是一种谴责。想要自杀时，他的意思是说："父亲的所作所为都是罪恶的。"他将自己对职业的不满也归咎于父亲。父亲每提出一项计划，作为儿子他都表示反对，但是娇生惯养的他却又不能独立开创属于自己的事业。他并不是真的想工作，他只是想嬉戏，可是他又对母亲怀有合作之意，因此又表现得像是想找工作一样。但是，他对父亲的抗争与他的失眠到底又有什么样的关系呢？

如果他无法睡着，第二天他就没有精神去工作。父亲等着他去做事，但他却疲倦得无法动弹。当然，他可以这样说："我不要做事，我也不愿意受压迫。"但是，他必须考虑自己的母亲和经济状况欠佳的家庭。假如他干脆拒绝工作，家里人会认为他已经无可救药，并拒绝再帮助他。他必须要找到一个理由，结果他找到了这样一个从表面看来似乎是无懈可击的毛病——失眠。

最开始，他说自己从未做过梦，可是到后来他却想起了一个经常会做的梦。他梦见有个人往墙上掷球，但球却总是跳开。听起来这似乎只是个平淡无奇的梦。那么在这个梦和他的生活样式中间，我们能否找到关联呢？我们问他："以后呢？当球跳开时，你觉得怎么样？"他告诉我们："每当它跳开时，我就醒了。"现在他已经揭开自己失眠的整个结构了。他将这个梦当作吵醒自己的闹钟。在他的想象中，每一个人都推着他向前，强迫他做自己不喜欢做的事情。他梦见某个人向墙上掷球，这时他就醒过来了。结果第二天他就变得疲累不堪，而当他觉得疲劳的时候，他就无法工作了。他的父亲急着要让他工作，而他就用这种曲折的方法击败了父亲。假如我们只针对他和父亲之间的战争的话，我们应该认为：他使用这种武器的策略是相当聪明的。但是，他这种生活样式无论是对他自己，还是对别人都不是十分完美的，因此，我们必须帮助他进行改变。

在我向他解释过这个梦之后，他就不再做这个梦了，但他告诉我，自己仍然经常在半夜里醒来。他已经没有勇气再做这个梦了，因为他知道有人会揭穿他的目的，但是他仍然要让自己在第二天变得疲倦不堪。那么我们应当怎样帮助他呢？唯一可能的办法就是让他和父亲和解。只要他的兴趣仍然是惹怒并且击垮自己的父亲，他的问题就不可能得到好转。一开始,我依旧按照惯例去赞同病人的态度:"你的父亲似乎完全错了。"我又说:"他想用他的权威来时时刻刻支配你,这种做法确实不怎么聪明。也许他也有问题,也应该接受治疗。可是你又能怎么做呢?你不可能改变他。如果下雨了,你会怎么做?你只能打把雨伞或是坐出租车,你想要反抗雨或是压过它都是没有用的。现在你的情况就像是竭尽所能去反抗雨一样。你相信自己有力量。你相信自己已经压过他了,但是你的胜利伤害最深的却是你自己。"我指出了他各种表现之间的一贯性——对事业的犹疑不决,自杀的念头,离家出走,还有失眠;我告诉他,这些表现说明,他实际上是在用惩罚自己的方法来报复父亲。

我还给了他一个劝告:"今天晚上睡觉的时候,你要想着你随时都可能会醒过来,这样到了明天你就会觉得很疲劳。你要想着明天当你累得无法工作时,你父亲怒火冲天的情形。"我要让他面对这一事实。因为他的主要兴趣是激怒并且伤害他的父亲。如果我们无法制止这场战争,治疗就不会起作用。他是一个被宠坏了的孩子,我们都能够明白这一点,现在他自己也终于明白了。

这种情形非常类似所谓的"俄狄浦斯情结"。这个青年一心一意要伤害自己的父亲,却又非常依赖自己的母亲,不过这与性无关。母亲宠爱他,但父亲却毫无怜悯之意。他受到了错误的训练,并且对自己所处的地位做出了错误的解释。遗传,在他的烦恼中并未占有丝毫地位。他的烦恼并不是从杀死部落酋长的野蛮人本能中推导出来的,而是从自己的经验中创造出来的。每个孩子都可能会培养出这样的态度。只要我们给他一个像这个例子里的宠爱孩子的母亲和一个凶恶的父亲，就可以实现。假如这个孩子也反抗他的父亲，并且无法独立解决自己所遭遇的问题，我们就能够了解，采取这种生活样式是一件多么简单的事情。

第五章

梦

从科学的观点来看,做梦的人和清醒时的人都是同一个人,因此梦的目的也必须适用于这个一贯、统一的人格。梦是当前的现实问题和个人生活样式之间的桥梁,本来生活样式应该是不需要再强化的,它应该与现实直接进行接触。

几乎每个人都会做梦，但是了解梦的人却非常少。这种现象看起来很奇怪。梦是人类心灵一种很平常的活动，人们对它一直都很感兴趣，但对它的意义却一直有一种迷惑不解的感觉。有很多人非常重视自己的梦，他们认为梦是奥妙无穷的，并且有着重大的意义。从人类最古老的年代开始，我们能够一直发现这种兴趣。但是，一般来说，人们对做梦时自己到底在做什么，或是为什么会做梦这些问题，仍然没有什么概念。据我所知，解释梦的理论只有两种是容易被人了解且合乎科学的。这两个声称要了解梦并且解释梦的学派，一个是心理分析的弗洛伊德学派，一个是个体心理学派。在这两者之中，也许只有个体心理学者才敢说自己的解释是完全合乎科学的。

以往，想要解释梦的尝试当然是不科学的，但是它们都值得我们去注意。至少它们能够让我们知道以前的人把梦当成什么，他们对梦持着怎样的态度。因为梦是人类心灵进行创造活动的一部分，假如我们发现人们对梦有什么样的期待，我们就可以相当准确地看出这个梦的目的。在我们最初进行研究的时候，我们看到了一个明显的事实。大家似乎都理所当然地认为梦能够预测未来。人们常常认为，在梦中有某些精灵、鬼神或祖先会占据自己的心灵，并且影响自己。在困难时，他们会借助梦来指点迷津。古代那些解梦的书对于做了某种梦的人将来运道如何，都进行了解释。原始民族会在梦中寻找预言和征兆。希腊人和埃及人到他们的神庙中去参拜，希望能够得到一些神圣的梦来指引他们未来的生活。他们将这种梦当成一种治疗的方法，认为能够消除身体或心灵上的痛苦。美洲的印第安人通过斋戒、沐浴、行圣礼等非常繁冗的宗教仪式来引导人做梦，然后再按照他们对梦的解释作为自己行为的依据。在《旧约》中，梦一直都被解释为对未来的预兆。即使在今天，也有很多人说自己做过的很多梦后来都变成了事实。他们相信，自己在梦里会成为预言家，而梦则会通过某种方法让他们进入未来的世界，并预见以后将会发生哪些事情。

  从科学的角度来看，这样的观点当然是荒唐无稽的。从我开始想要研究梦的问题的时候起，我就非常清楚：做梦的人预见未来的能力，比清醒时能够完全支配自己官能的人还要差得远。我们不难发现，通过梦来预测未来不仅是不理智的，而且这种预测与日常思维相比显得更为混乱且令人难解。但是，对于人类认为梦能够经由某种方法与未来发生联系这种传统观念，我们却不能不予以注意。或许我们能够发现，从某种角度来看，它们并不是完全错误的。如果我们能够用客观的态度来开展研讨，它可能会提醒我们去注意一些一向被我们忽视了的要点。我们已经说过：人们曾经以为梦能够为自己提出解决问题的办法。那我们就可以说，这种人做梦的目的就是为了获得对未来的指引和解决问题的方法。这与认为梦能预见未来的观点差距非常之大。我们必须要考虑：他寻求的是哪些问题的解决方法？他希望从中获得什么？有一点仍然是非常明显的：在梦中得到的任何解决问题的方法，都必然要比清醒时全盘考虑整个情境之后所获得的方法差。事实上，在做梦时，有些人是希望在睡觉的时候就把问题解决了。这种说法并不算过分。

在弗洛伊德学派的观点中，我们发现了一种真正的努力，他们认为梦具有可以进行科学解释的意义。但是，在许多方面，弗洛伊德的解释已经将梦带到了科学范围以外的地方。比如说，弗洛伊德有一个假设：在白天和夜晚两种不同的心灵活动之间，存在着一个间隙——"意识"和潜意识彼此互相对立；而梦则遵循着一些与日常思维方式截然不同的定律。当我们看到这些对立时，我们就断定心灵有一种不合乎科学的态度。在原始民族和古代哲学家的思想中，我们经常会看到这种让概念变得强烈对立，把它们当作完全相反的事件进行处理的例子。在神经病患者中间，这种对立的态度表现得尤为明显。人们相信左右是互相对立的，男女、冷热、光暗、强弱也是互相对立的。但是，从科学的角度来看，它们并不是互相对立的，而是同一种事物的变异。它们是按照某种理想的假定排列成的一个量表上的不同刻度。同样道理，好和坏、常态和变态也都不是对立的事物，而是同一事物的变异。把睡眠和清醒、做梦时的思想和白天的思想当成对立事物的任何理论，也都注定是不科学的。

原始弗洛伊德学派观点中的另一个难题，是将梦的背景归之于性。这也使得梦从人类平常的努力和活动中被分离开来，如果这种看法正确，那么梦就不是表现整体人格的一种方法，它表现的只是一部分人格。弗洛伊德学派自己也发现用性来解释梦是存在不足之处的，因此，弗洛伊德主张，在梦里，我们还可以发现一种求死的潜意识欲望。或许我们能够发现，这种观点在某些方面是正确的。我们说过：梦是想要找到解决问题的方法的一种企图，它们表露出了个人勇气的丧失。可是，弗洛伊德学派创造的名词却太离谱了，它们让我们根本无法看出整体人格是如何在梦里面表现出来的。而且，梦中的生活与白天的生活似乎又变回了壁垒森严的不同事物。不过，在弗洛伊德学派的概念中，我们也得到了很多有趣而且有价值的暗示。例如，其中一个特别有用的暗示是：梦的本身并没有什么重要性，重要的是梦后面潜伏的思想。在个体心理学里，我们也得出了类似的结论。心理分析学派忽视了科学心理学的第一个要求——认清人格的一贯性和个人在各种表现中的一致性。

　　从弗洛伊德学派对解释梦的几个关键问题的回答中，可以看出这种缺点。"梦的目的是什么？我们为什么要做梦？"心理分析学派的回答是："为了满足个人未能实现的欲望。"但是，这种观点并不能解释一切。假如一个梦是扑朔迷离的，假如做梦的人忘掉了它，或是无法理解它，那还有什么满足可言？每一个人都会做梦，但是几乎没有人了解自己做的梦。这样，我们从梦中又会得到些什么快乐呢？假如梦里的人生与白天的生活迥然不同，而梦所造成的满足只发生在他自己的生活圈子里，我们或许就能了解梦对于做梦者的意义了。但是这样一来，我们就丧失了人格的统一性。梦对于那些处于清醒状态的人来说也没有什么用了。从科学的观点来看，做梦的人和清醒时的人都是同一个人，因此梦的目的也必须适用于这个一贯、统一的人格。然而，有一种类型的人，我们无法将他在梦中对满足希望的努力和他的整个人格联系起来。这就是被宠坏了的那一类孩子，他们总是在问:"我要怎么做才能获得满足?生活能给我什么东西?"这种人在梦里可能像他在其他各种表现中一样,在寻找能够满足自己的东西。事实上,如果我们再加以注意就会发现:弗洛伊德学派的理论就是被宠坏了的孩子们的心理学,这些孩子觉得自己的本能绝对不能被否定,他们认为别人的存在是不必要的,反而一直在问:"我为什么要爱我的邻居?我的邻居爱我吗?"心理分析学派用被宠坏了的孩子的前提作为它的基础,并充分、仔细地研究了这些前提。但是,对满足的追求只是千万种对优越感的追求之一,我们绝对不能把它当成各种人格表现的中心动机。而且,如果我们真的发现了梦的目的,那么它也能够帮助我们了解遗忘梦和不了解梦能够达成什么目的。

大约25年前,当我开始想要找出梦的意义时——当时这还是一个最让人感到困扰的问题。我看到,梦并不是与清醒时的生活相对立的,它必然与生活的其他动作、表现一致。假如我们在白天专心致志地追求某种优越感的目标,那么我们到了晚上也同样会关心这个问题。每个人在做梦时,就好像在梦里有一个工作在等着他去完成一样,就好像在梦中也必须要努力追求优越感一样。梦必定是生活样式的产品,它一定也有助于生活样式的建造和加强。

有一个事实,它能够帮助我们澄清梦的目的。我们做了梦,但是清晨醒来后,我们通常都会把梦忘掉,似乎没有留下一丝残痕。但这是真的吗?真的什么东西都没有留下吗?不是的。我们还保留着梦引起的许多感觉。梦中的景象都已消失,对梦的了解也不复存在,遗留下来的只有许多的感觉。梦的目的必然就在它们引起的这许多感觉之中,而梦只是引起这些感觉的一种方法,一种工具。梦的目的就是留下这些感觉。

个人的梦创造出的感觉必须与他的生活样式永远保持一致。梦中的思想和醒着的思想之间的差异并不是绝对的,这两者之间并没有明显的界限。用简单的话来说,其间的差异仅仅是做梦时暂时搁置了较多与现实的关联。但是,它并没有脱离现实。在我们睡觉时,我们仍然与现实保持着接触。假如我们受到了问题的困扰,那么睡眠也会相应地受到扰乱。睡觉时,我们能够做出种种协调的动作,以免掉下床来,这一事实可以证明,睡梦与现实的联系仍然是存在的。尽管街上喧闹异常,母亲依然可以安然入睡,但只要她的孩子稍有风吹草动,她就能马上醒过来。所以说,即使是在睡眠中,我们也和外部世界保持着接触。但是在睡觉时,感官的知觉虽然不是完全丧失,却也已经减弱,而我们和现实的接触也较为松弛。当我们做梦时,我们是个人独处的,社会的要求也不再紧紧地跟着我们,我们也不必一丝不苟地去考虑环绕在我们周围的情境。

只有消除了紧张情绪,而且遇到的问题也都有了肯定的解决方法时,我们的睡眠才不会受到干扰。做梦就是对安稳睡眠的一种干扰。我们可以说:在没有想出解决问题的方法时,我们才会做梦;或者即使在睡眠中,现实也在不断地压迫着我们,并且向我们提出种种难题时,我们才会做梦。梦的工作就是应对我们所面临的难题,并且提供解决的办法。现在,我们可以开始研究,我们睡眠时的心灵是用什么样的方法来应付那些难题的。因为我们没有顾及整个情境,所以问题看起来就显得简单得多,而梦为我们提出的解决办法对我们自身适应的要求也是非常小的。梦的目的是支持生活样式,并引起适合生活样式的感觉。但是，生活样式为什么需要支持呢？有什么东西会侵袭它？能够攻击它的，只有现实和常识。所以说，梦的目的就是支持生活样式抵制来自常识的要求。这就给了我们一个有趣的灵感。如果有个人面临着一个他不希望用常识来解决的问题，那么他就能用梦所引起的感觉来坚定自己的态度。

初看之下，这似乎与我们清醒时的生活互相矛盾，但事实上却并不存在矛盾。我们可能会产生一种与我们清醒时完全一致的感觉。假如有个人遇到困难，却不希望用自己的常识来对付它，只想继续用自己那不合时宜的生活样式来应付，那么他就会找出各种理由来维护自己的生活样式，使它看上去似乎足以应付这些问题。例如，假如他的目标是不劳而获，他不想工作、不想努力，也不想对别人有所贡献，那么对他而言赌博就是一种机会。他知道有很多人因为赌博倾家荡产，可是他仍然希望优游度日，仍然希望侥幸致富。他会怎么做呢？他的脑子里充满了金钱的利益，他会在幻想中为自己勾勒出一幅暴富之后的景象：买汽车，过奢华的生活，接受众人的恭维。这些景象激发着他继续向前。于是他抛开常识，开始赌博。同样的事情还会发生在更为平常的情况中。当我们工作时，假如有人告诉我们他看过的一场很好的戏剧，我们就会想停下手里的工作，到剧院去看戏。当一个人坠入爱河时，他会为自己的未来描绘出一幅景象，如果他真的喜爱对方，那么描绘出的景象必然是愉悦的；反之，如果他感到悲观，那么未来的景象就一定会染上灰暗的色彩。但是，无论如何，他总会激发起自己的感觉，而我们也能够从他所产生的感觉的类别来分辨他属于哪一种人。

但是，假如在做完梦之后，除了感觉之外什么都没有留下，它对常识又会有什么样的影响呢？梦是常识的敌人。我们很可能会发现，有些不愿意被自己的感觉所欺骗的人，他们宁愿依照科学的方法做事。这种人很少做梦或者根本就不会做梦。其他人大都喜欢背离常识，因为他们不愿用正常而有用的方法来解决自己的问题。常识是合作的一面，合作素养欠佳的人都不喜欢常识，这种人会经常做梦。他们害怕自己的生活样式会受到抨击，他们希望避开现实的挑战。我们可以获得如下结论：梦是想在个人生活样式与他当前面临的问题之间建立起某种联系，却又不愿意对生活样式提出新的要求的一种企图。生活样式是梦的主宰，它必定会引发个人需要的感觉。我们在梦里发现的每一种东西，都可以在这个人的其他特征或病征中发现。无论我们是否做梦，都会以同样的方式来解决问题，但是梦却为我们的生活样式提供了一种支持和维护。

如果这种观点是正确的，那么我们在了解梦的历程上就已经走出了最新而且最重要的一步。在梦里，我们欺骗自己。每一个梦都是自我陶醉和自我催眠，它的所有目的就是引发一种让我们准备应付某种问题的心境。在这种心境中，我们会看到与个人日常生活完全相同的人格。此外，我们还会看到他在心灵的工作中，仿佛正在准备他将要在白天运用的各种感觉。如果我们的说法没有错，那么在梦的结构中，或者在它运用的方法中，我们就都能看到这种自我欺骗。

事实上，我们发现了什么呢？首先，我们发现了某种选择——对梦中的景象、事件、意外事故的选择。此前我们也提起过这种选择。当一个人回顾过去的时候，就是把自己经历和体验过的景象和事故重新进行整编。我们说过,他的选择是顺着自己的意思来进行的,他从记忆中选择出来的,只是那些能够支持他的优越感目标的事件。同样地,在梦的构成中,我们也只会选择那些与生活样式一致,但当面临问题时又能够表现出生活样式要求的事件。这种选择只是生活样式在与我们遭遇的困难产生联系之后得到的结果而已。在梦中,我们的生活样式要求独断专行。要想应付现实中的困难,还必须借重于常识,但生活样式却坚持不肯让步。

那么梦是用哪些材料构成的呢?从古时候起,人们就已经发现,而当代的弗洛伊德也曾经特别强调:梦主要是由隐喻和符号构成的。正如一位心理学家所说的那样:"在我们的梦里,我们都是诗人。"但是,梦为什么不用简单干脆的语言,而非要用隐喻和符号来表达呢?这是因为,如果我们不用隐喻和符号,而是坦率地说出自己的意愿,那我们就无法避开常识。隐喻和符号可以是荒诞不羁的,它们能够将不同的意义联结起来,它们能够同时说出两种东西,但其中之一却可能是假的。从中我们也可以获得不合逻辑的结论。它们能够被用来引发某种感觉,而且我们在日常生活中也经常会发现它。当我们想要纠正别人时,我们会这样说:"别孩子气了!"我们还会问:"干吗哭呢?难道你是女人吗?"当我们使用比喻的修辞手法时,不相干的东西以及只能诉诸感情的东西便会混进来。当一个彪形大汉和一个小个子生气时,他可能会说:"他是一条毛毛虫,他只配在地上爬。"用这样的比喻,他可以轻而易举地表达出自己的愤怒。

隐喻是一种相当美妙的语言工具,但我们在运用它时却难免要欺骗自己。当荷马描写希腊的军队像雄狮一样纵横于战场上时,就给我们留下了一种夸大其词的印象。我们认为他不愿意正确地说出事实：那些疲乏、肮脏的士兵在战场上爬行着。他希望我们将他们想象成雄狮。但我们知道他们其实并不是真正的狮子，可如果诗人描写他们如何气喘如牛、挥汗成雨，他们如何停下来重振士气或躲避危险，他们的甲胄如何破旧等这些鸡毛蒜皮的细枝末节，我们就不会如此深受感动。运用比喻是为了美、为了想象，也是为了幻想。然而，我们必须要提醒读者：对一个有着错误的生活意义的人来说，运用隐喻和符号永远是一件危险的事情。

有一个学生面临一场即将到来的考试。这个问题非常简单，他必须鼓起勇气，凭借常识，全力以赴。但是假如他的生活样式使他想临阵脱逃，他就有可能梦见自己正在打一场战争。他把这个单纯的问题用相当复杂的隐喻描绘出来，然后他就有充分的理由去害怕了。或者，他会梦到自己站在悬崖边上，如果不向后退缩，就有摔得粉身碎骨的可能。他必须创造出某种心境来帮助自己避开考试，因此他就用悬崖来比拟考试，以此来欺骗自己。在这个例子中，我们还发现了在梦里经常用到的另外一种方法。那就是把一个问题拿过来，加以节缩精练，直到只剩下原来问题的一部分，然后用隐喻的方式把剩余的部分表现出来，并把它当成原来的问题来处理。例如，另外一个学生可能比较勇敢且有远见，他希望自己能够完成工作，并通过考试。但是，他仍然希望能够获得支持，仍然希望能够重新肯定自己——他的生活样式要求这些东西。考试前的一个晚上，他梦到自己站在一个山峰顶上。他所处情境之中的这幅景象是非常简单的，他全部的生活环境只有很小的一部分被表现了出来。对他而言，他的问题是非常重大的，但是这个问题的许多方面都已经被排除了，剩下的就是他必须把注意力集中在成功的瞻望上，这样，他就激发出了对自己有帮助的感觉。第二天清晨，他起床时觉得精力充沛、心情愉快，勇气也更胜往昔。在减轻自己必须面临的困难的压力方面，他已经成功了。但是，尽管他重新肯定了自己，事实上他仍然欺骗了自己。他并不是在用常识的方式全心全意地面对整个问题，而只是引发了一种自信的心境而已。

激发这种心境是很平常的事情。一个人在跳过小溪流之前，可能要先数一、二、三。难道数一二三真的这么重要吗？在跳过溪流和数一二三之间真的有非常必要的关系存在吗？不是的。它们一点关系也没有。他数一二三，只不过是要激发自己的心境，并集中自己的力量而已。在人类的心灵中，已经预存了执行生活样式，并使之固定和加强的各种方法，最重要一种方法就是激发心境的能力。我们日以继夜地从事这项工作，可是它出现得较为明显的时间却最有可能是夜里。

让我举个例子来说明我们用梦来欺骗自己的方法吧。战争期间，我是一间收容神经病战士医院的院长。当我看到无法作战的士兵时，我总是尽可能简单地做他们的工作，设法让他们变得轻松。他们的紧张情绪明显地消失了，这种方法也是相当成功的。有一天，一个士兵来找我，他是我所见到过的体格最健壮的士兵之一，但是当时他却显得非常沮丧。当我给他做检查时，我拿不定主意该对他采取何种措施。当然，我希望把每一个来我这里看病的士兵都送回家，但是我开的诊断书全都要通过一位高级军官的认可，因此我的慈悲也就无法任意施舍了。要在这个士兵的个案中做出决定，并不是一件容易的事。

最后，我终于说道："你患了神经病，但是身体却很强健，我会让你做些轻松的工作，这样你就不必上前线了。"

这个士兵可怜兮兮地说："我是个穷学生，靠教书来养活年老的父母。如果我不教书，他们就要挨饿；如果我不养他们，他们就会饿死。"当时，我想我应该帮他找个更轻松的工作——送他到军事机关中做事。但是，我又怕如果真这样写诊断书的话，那位高级军官会发火，再把他送上前线。结果，我决定尽自己所能地如实填写，我证明他只适合做一些防卫性的工作。晚上在家睡觉时，我便做了一个噩梦。我梦见自己成了一个凶手，一面在黑暗的窄巷中奔跑，一面在想我到底杀了谁。我记不起到底是谁，但是我在梦里是这样想的："我犯了谋杀罪，我完了。我的生命已经完了。什么事情都完蛋了！"因此，在梦里，我呆若木鸡，冷汗直流。

醒来后，我的第一个念头就是："我杀了谁？"我马上便想到："假如我不把那个年轻士兵安置在军事机关中服务，他就可能会被送上前线而阵亡。那么我就成了凶手。"你可以看到我是如何激发一种心境来欺骗自己的。我不是凶手，如果这种不幸真的发生了，我也没有罪，但是，我的生活样式却不允许我冒这个险。因为我是医生，我的责任就是挽救生命，而不是让生命陷于危险之地。我又想：如果我给他一份轻松的工作，那位军官可能就要送他上前线，这样会让情况变得更糟。我终于拿定主意：假如我想要帮助他，唯一该做的事情就是遵从常识的判断，并且不去扰乱我的生活样式。所以，我还是出具了他只适合做防卫工作的诊断书。此后发生的事情证明了只有遵从常识才是正确的做法。那位军官看了我的诊断书之后，把它往桌上一扔，我心想："现在他要送可怜的士兵上前线了，我还是应该写明应该派他到机关去工作。"不料，军官却批道："军事机关服务，六个月。"最后，我才知道原来那位军官接受了贿赂，有意要调那个士兵到轻松的单位工作。那个年轻人从来就没有教过书，他对我说的那些话没有一句是实话。他编的那个故事，只是为了让我证明他只能做一些轻松的工作，以便让那位军官在我开的诊断书上做批示。从那天开始，我再也不轻易接受梦的左右了。

梦的目的是为了欺骗我们自己，并使我们自我陶醉。如果我们了解了梦，它们就不能再欺骗我们了，也不能再激发我们的心境和情绪。我们宁可按照常识来解决问题，也不愿再接受梦的启示了。假如梦都被我们了解了，那么它们的目的也失去意义了。梦是当前的现实问题和个人生活样式之间的桥梁，本来生活样式应该是不需要再强化的，它应该与现实直接进行接触。但是，梦虽然有很多种不同的变化，但每一个梦却都表现出这样的特点：根据个人面临的特殊情境，找出生活样式的哪方面需要再强化。因此，对梦的解释都带有强烈的个人色彩。我们不可能用一般的公式去解释这些符号和隐喻，因为梦是生活样式的产品，是从个人对他所处的特殊情境的解释中获得的。我大略描述下面几种典型的梦，但我无意提出解释梦的秘诀，我只是想利用它们来帮助我们了解梦以及它的意义而已。

很多人都做过飞翔的梦。和其他的梦一样，这种梦的关键在于它们所引起的感觉。它们留下了一种轻快和充满勇气的心境，它们把人从下带到上，它们把克服困难及对优越感目标的追求视为一件轻而易举的事情。因此，它们还能让我们推测出一个勇敢的人，他高瞻远瞩，雄心勃勃，即使在睡眠中也不愿放下自己的野心。它们还包含着一个问题："我是否应该继续向前？"也包含着一个答案："我的前途必定一片光明。"

很少有人没有经历过从高处往下摔的梦境。这是非常值得注意的。它表示这个人心灵保守并担心会遭受失败，而不是想着全心全力地去克服困难。我们传统的教育就是警告孩子，要他们注意保护自己，所以这种梦是很容易了解的。孩子们经常被告诫："不要爬椅子！不要动剪刀！不要玩火！"他们总是被这种虚构的危险包围着。当然，有些危险是真实存在的，但是把一个人弄得胆小如鼠，是不能帮助他应对危险局面的。

当人们经常梦见自己不能动弹或赶不上火车时，它所包含的意思通常是："如果我不费丝毫力气，这个问题便能安然解决，那我一定很高兴。我必须绕道而行。我必须迟到，免得再遇到这个问题。我要等火车开走。"

有许多人梦见过考试。有时，他们会惊讶地发现：自己竟然到这把年纪才参加考试，或者是他们很久之前便已经通过的一门科目，现在又考试通过了。对某些人来说，这种梦的意义是："你还没有做好要面对即将到来的问题的准备。"对另一些人，它可能暗指："你以前曾经通过这种考试，现在你也必须通过眼前这场考验！"一个人的符号与另外一个人绝对不会相同。关于梦，我们必须首先考虑的是它留下来的心境，以及它与整个生活样式之间的关系。

有一位32岁的神经病患者曾经来找我，要求我为她进行治疗。她在家中排行第二，而且也和大多数次子一样，很有野心。她总是希望自己能够得第一，并且尽善尽美，毫无瑕疵地解决自己遇到的所有问题。她爱上了一个年纪比她大的已婚男人，但她的爱人在事业上却是一败涂地。她希望和他结婚，但是他又无法和原配夫人离婚。后来，她梦见自己住在乡下，有个男人向她租公寓。他搬进来后不久便结婚了。他不会赚钱，也不是个正直或勤勉的人。由于他付不起房租，她只好逼着他搬走。稍加分析，我们便能看出这个梦和她现在的问题有某种关联。她正在考虑自己是否要跟一个事业失败的人结婚。她的情人很穷，而且无法帮助她。更让她担忧的是：他曾经请她吃晚餐，却没有足够的钱付账。这个梦的效果是引起一种反对她与那个人结婚的心境。她是个野心勃勃的女人，她不希望和一个穷男人生活在一起。她用了一个比喻来问她自己："如果他租了我的公寓，而付不起房租，对这样的房客，我该怎么办？"她的回答是："他必须马上离开。"

但是，这个已婚男人并不是她的房客，他们可能无法进行比较。不能供养家庭的丈夫和付不起房租的房客并不完全是一回事。可是为了要解决自己的问题，为了要更安稳地遵行自己的生活样式，她给自己营造出这样一种感觉："我不能和他结婚。"通过这个方法，她避免了用常识的方式来处理整个问题，而只选择其中一小部分加以解决。同时，她把爱情和婚姻的整个问题压缩到了一个隐喻之中："有个男人租了我的公寓，如果他付不起房租，他就得滚蛋。"

由于个体心理学的治疗始终是为了增加个人应对生活问题时的勇气，所以我们不难了解：在治疗的过程中，梦会发生改变，而展现出一种比较自信的态度。一个忧郁症患者在痊愈之前所做的最后一个梦是:"我一个人独自坐在板凳上。突然,暴风雨来了。我急忙跑进丈夫的屋里去,这样,我很幸运地避开了风雨。然后我帮助他在报纸的广告栏里寻找合适的工作职位。"这位病人自己也能够解释这个梦。它明显地表明了她与丈夫言归于好的感觉。起先,她很恨丈夫,尖刻地指责他的软弱和缺乏改善生活的上进心。这个梦的含义是:"和我的丈夫在一起,总好过我单独一个人承担风险。"虽然我们也许会认同这个病人对自己所处环境的看法,但是她让自己迁就丈夫和婚姻的方式,仍然隐隐透露出一个怨偶惯有的不平之气。她过分强调了单独生活的危险,而且也无法勇敢而又独立地与丈夫合作。

一个10岁的男孩被带到我的诊所来,他的学校老师指责他用卑鄙的手段陷害其他同学。他在学校里偷了东西,放到别的孩子的抽屉里,害他们受到了处罚。只有一个孩子觉得需要让别人不如自己时,这种行为才可能发生。他要羞辱他们,证明他们是卑鄙下流的。如果他的想法确实如此,我们可以猜测:这必然是在家庭圈子中训练出来的,他肯定是希望陷害家里的某个人。当他10岁的时候,他曾经向街上的一位孕妇投掷石头,这给他惹了麻烦。他可能在10岁时就已经知道怀孕是怎么回事了。我们还可以推测:他可能不喜欢怀孕。我们难免要猜想:是不是小弟弟或小妹妹的降生让他感到不开心?在教师的报告上,他被称为"害群之马",他跟同学们捣蛋,给他们取外号,打他们的小报告。他追赶小女孩,甚至动手打她们。现在我们大致可以猜测出:他有一个和自己竞争的妹妹。

后来我们得知,他是两个孩子中的老大,有一个4岁的妹妹。他的母亲说,他很喜欢妹妹,而且对她一直都很好。我们很难相信这样的话，因为这样的男孩是不可能喜欢自己的妹妹的。以后，我们还要寻求这种怀疑是否正确。这位母亲还说，她和丈夫之间的关系是很理想的。这对这个孩子来说真是一件憾事。很明显，他的父母认为自己对他所犯的任何错误都没有什么责任，他犯错误是因为他邪恶的本性，源自他的命运，或源自他遥远的祖先！我们经常会听到这种理想的婚姻，这样优秀的父母，还有这样浑蛋的小孩！教师、心理学家、律师和法官都见证了这样的不幸。事实上，"理想"的婚姻对小孩子来说，可能是非常刺目的事情，假如他看到妈妈向爸爸献殷勤，他可能就会觉得非常恼火。因为他要独占母亲的注意力，他不喜欢母亲对任何其他人有情感的表示。如果说美满的婚姻对孩子不好，那么不完美的婚姻对孩子来说就更加糟糕了，那我们该怎么办呢？我们必须让孩子与前者合作，我们必须真正把他带到婚姻关系中去。我们应该避免让他只依附于父母之中的一个人。我们认为这个孩子可能是一个被宠坏了的孩子，他要吸引母亲的注意力，当他觉得自己受到的关怀不够时，就要去惹麻烦，从而达到他的目的。

我们马上就发现了这一见解的证据。这位母亲从来都不会亲自责罚这个孩子，她总是等着丈夫回来以后惩罚他。也许她觉得心软；她觉得只有男人才配发号施令，只有男人才有力量处罚别人。也许她希望这个孩子能够依附她，并深恐失去他。无论如何，她把孩子训练得对父亲没兴趣，令他不愿与父亲合作，并且经常与父亲发生摩擦。我们还听说，他的父亲虽然全心全意地照顾着这个家庭，但是由于这个孩子，他在一天的工作结束之后总是不想回家。父亲很严厉地责罚这个孩子，并常常鞭打他。据说这个孩子并没有因此而憎恨父亲。但我认为这是不可能的，这个孩子并不是低能儿童，他只是已经学会了如何巧妙地隐藏自己的情感。

这个孩子喜欢自己的妹妹，但却不愿意和她一起好好玩，他时常掴她耳光或是踢她。他睡在餐厅的沙发上，他的妹妹则睡在父母房间里的一张小床上。现在，假如我们设身处地地为这个孩子想想，假如我们的心情和他一样，父母房间里的那张小床也会让我们感到难过。他想要占有母亲全部的注意力，可是到了晚上，妹妹却和母亲靠得这么近。他必须设法让母亲来亲近自己。这个孩子的健康状况良好，他出生时很顺利，吃母乳的时间有7个月。但当他初次改用奶瓶吃奶时，他却呕吐了。以后，他的呕吐断断续续发生，一直到他3岁那年。大概是他的肠胃不太好。目前他的饮食很正常，营养也相当良好，但是他对自己肠胃的忧虑仍然存在。他把这当作自己的弱点。现在，我们就更加了解他为什么要向孕妇扔石头了。他对饮食非常的挑剔。他不喜欢吃家里的饭，母亲给他钱，让他到外面买自己喜欢吃的东西。但是，他还是向邻居们宣称，父母没有给他足够的东西吃。这一类的把戏他已经演练了很多次。他恢复优越感的方法就是诋毁别人。

现在，我们已经可以理解他到诊所来时说的那个梦了。"我是一个西部的牧童，"他说，"他们把我送到墨西哥，我自己再杀出一条血路，重新回到美国。有一个墨西哥人想阻拦我，我就在他的肚皮上踢了一脚。"这个梦的意义是："我被敌人四面包围。我必须努力奋战。"在美国，牧童被当作英雄一样崇拜，他以为追赶小女孩或踢别人的肚皮都是英雄的行为。我们已经看到，肚子在他的生活中扮演了一个重要的角色——他把它当成容易受伤的要害部位。他自己曾经遭受肠胃不良的痛苦，而他的父亲也患有神经性胃病，常常抱怨胃不舒服。在这个家庭中，胃已经被提升到最重要的地位了。这个孩子的目标就是攻击别人最弱的一点。他的梦和他的动作都丝毫不差地表现出了同样的生活样式。他生活在自己的梦里，如果我们无法弄醒他，他会继续用同样的方式生活下去。将来他不仅会和父亲、妹妹、小男孩儿、小女孩儿发生争斗，还会向想要阻止他进行这种争斗的医生宣战。他梦想式的冲动会刺激他继续设法成为英雄，征服别人，除非他能够醒悟——他这样做是在欺骗自己。除此之外，没有任何一种治疗能够帮助他。

在诊所里，我们向他解释了他做的那个梦。他觉得自己生活在敌国之中，每一个想惩罚他、让他留在墨西哥的人，都是他的敌人。下一次，他再来到诊所时，我们问他："从上次我们见面以后，发生了什么事没有？""我做了坏孩子。"他回答道。"你做什么事了？""我追赶了一个小女孩儿。"这种说法不仅仅是坦白，更是一种夸口，一种攻击。他知道，这里是医院，这些人想改变他，因此他仍然坚持要做个坏孩子。他似乎在说："别想改变我，我会踢你的肚皮！"我们该拿他怎么办呢？他仍然在做梦，仍然在扮演着英雄。我们必须先消除他从这个角色中所获得的满足感。"你难道相信，"我们问他，"英雄只能去追赶小女孩儿吗？这样的英雄作风岂不是太蹩脚了？如果你要当英雄，你就该去追大女孩子！否则你就不要追赶女孩！"这是治疗的一个方面。我们必须要让他清楚地认识到，不要再急于继续这种自讨苦吃的生活样式，以免在将来后患无穷。另一方面是要鼓励他与人合作，让他发现生活中有用一面的重要性。除非一个人害怕会遭受挫败，否则他就不会固守在无用的一面。

　　一个24岁的单身女孩从事秘书工作，她总是抱怨老板那种欺软怕硬的作风，她觉得忍无可忍。她还觉得无法与人交往或保持友情。经验让我们相信：一个人如果无法与人交往，很可能是由于她想要驾驭别人，事实上，她只对自己感兴趣，她的目标在于表现自己个人的优越感。而她的老板可能恰好也是这样的人。他们两个都想指挥别人。两个有着同样生活样式的人碰到一起，注定要发生困难。这个女孩子是家里7个孩子中年龄最小的一个，也是家里的宠儿。她的外号叫"汤姆"，因为她一直想当男孩。这更增加了我们的怀疑：她是否把驾驭别人当作自己的优越感目标？她可能以为，只要变得男性化就能够主宰别人，或是控制别人，而且自己也不会受到别人的控制。她很漂亮，她觉得别人喜欢她是因为她甜美的长相，所以她一直很害怕面部会受到伤害。在我们的时代，美丽的女孩容易给人留下深刻的印象，也容易控制别人，她本人也清楚地知道这个事实。然而，她希望成为男孩子，并且用男性化的方式来统驭别人，因此她从来都不曾因为自己的美丽而感到得意。

　　她的最早记忆是受到了一个男人的惊吓。她承认，直到现在，她仍然害怕受到强盗或疯子的侵袭。一个想要男性化的女孩子，竟然会怕强盗和疯子，这件事情似乎很奇怪。但是，我们只要仔细想过之后就明白这并没什么可奇怪的。她希望生活在一个自己能够随意控制的环境中，对其他的环境则要尽量避开。强盗和疯子是她无法控制的，因此她唯愿他们能够彻底地消失。她希望不费吹灰之力就能男性化，假如失败了，便装聋作哑，视若无睹。由于对自己女性角色的深刻不满,在她的"男性宣言"中有一种浓厚的火药味——"我是男人,我要击垮身为女人的种种不利!"

让我们看看:在她的梦里,是否也能看到同样的感觉的迹象。她经常梦见自己一个人独处。她是个被宠惯了的孩子,她的梦有这样的含义:"我必须受到别人的照顾。让我孤零零一个人是很不安全的。别人会欺负我、攻击我。"还有一个她经常做的梦,是她的脉搏停止了。这个梦的意思是说:"小心!你有失掉东西的危险!"她不愿意自己失掉任何东西,尤其不愿失掉控制别人的力量,可是她只选择了生活中的一件东西——脉搏停止,来代表整件事情。这个例子还能够说明,梦是怎样创造出一种加强生活样式的感觉的。她的脉搏并没有停止,但是她要让它停止,这种感觉便留了下来。她还有一个比较长的梦,更是能够帮助我们认清她的态度。"我到一个游泳池去游泳,那里有许多人。"她说,"有些人注意到我正站在他们的头顶上。我感到有人在尖叫,并且紧紧地盯着我。我摇摇欲坠,似乎有摔下去的危险。"假如我是个雕刻师,我就会这样刻画她:站在别人的头上,把别人当成踏板。这是她的生活样式,也是她喜欢在内心激发出来的感觉。然而,她发现自己的地位并不安稳,她以为别人也会体会到她的危险,他们应当小心地看护着她,只有这样她才能继续站在他们的头上。在水里游泳时,她会觉得很不安全。这就是她生活的全部故事。她已经固定下自己的目标:"尽管我是女孩子,但我还是要当男人!"与大部分家庭中最小的孩子一样,她野心勃勃,但她要的只是表面上的优越,而不是让自己获得适当的处境,而且她也始终生活在恐惧和失败的威胁下。如果我们想要帮助她,就应该找出令她安分守己地扮演女性角色的方法，消除她对异性的恐惧，对男性化价值的高估，使她能够以平等而友善的态度对待自己的朋友。

另外一个女孩子，在她13岁那年，她的弟弟在一次意外事件中死去。她说自己的最早记忆是："我弟弟开始学走路的时候，他扶着一把椅子想站好，结果椅子倒了，压在他身上。"这又是一次意外事件，我们可以知道，对这个世界上存在的种种危险，她的感受有多么深刻。"我最常做的梦是非常奇怪的。"她说，"我经常单独一个人在大街上走，街上有一个我看不见的大洞，往前走时，我就会掉进洞里，洞里充满了水，一碰到水，我就会打个冷战，醒来以后，我发现自己的心脏跳得好厉害。"这个梦并不像她想象的那么奇怪，但是假如她继续受到它的惊吓，她必定仍然认为它是神秘难解的。这个梦告诉她："小心！前面有许多你所不知道的危险！"然而，它的意思还不止于此："假如你地位卑微，你就不可能再摔下来。"如果她有摔下来的危险，她一定觉得自己高人一等。因此，在这个例子中，她似乎还在说："我凌驾于别人之上，但是我必须要小心，以免跌下来！"

在另外一个例子中，我们将看到同样的生活样式是否会在最初记忆和梦中发挥作用。有个女孩子告诉我们："我很喜欢看人家建造房子。"我们由此推测她很喜欢与人合作。一个小女孩子当然不能参加建造房子的工作，但是从她的兴趣中我们可以看出她喜欢分担别人的工作。"那时，我还是个小娃娃，我记得自己站在一扇很高的玻璃窗前，那些窗子的玻璃方格仍然像昨天刚刚见过一样，历历在目。"如果她留意到窗户很高，那她在心里必然已经有了高和矮的对比。她的意思是："窗户很大，而我很小。"事实正如我所料，她的个子很小，所以她才会对大小的比较这么感兴趣。她说自己清楚地记得这件事，其实也是一种夸口。现在，让我们来讨论她的梦："我跟好几个人一起坐进了一辆汽车。"正如我们想象的那样，她很擅于合作，喜欢跟别人在一起。"我们开车疾驰，一直开到丛林前面才停下来。大家都下了车，跑进了树林里面。他们大多长得比我高大。"她又一次注意到了大和小的区别。"但是我却让他们赶快去搭乘电梯，电梯开进了一个10英尺深的矿坑里面。我想如果我们不走出去的话，一定会瓦斯中毒的。"大多数人都会畏惧某种危险，人类并不是十分勇敢的。"后来，我们很安全地出去了。"你可以从中看到一种乐观的态度。一个人如果是合作的，那他必定也是勇敢、乐观的。"我们在那里逗留了几分钟之后就上来了，然后很快地跑向了汽车。"我相信这个女孩子自始至终都是很合群、很合作的，但是她却希望自己能够再长得高大一些。我们可能会发现她有某种紧张情绪，例如要踮起脚尖走路等，但是她对别人的喜好和对共同成就的兴趣，已经足以使之消失于无形了。

第六章
家庭的影响

> 在家庭中,各个成员都应该是平等、合作、团结一致的。家里不应该存在敌对的感觉,也不应该让孩子觉得自己有一个敌人,这样才能够避免不良的后果。

从降生之日起，婴儿就想要将自己和母亲联系在一起。这是他各种动作的目标。在最初的几个月，母亲在他的生活中扮演了最为重要的角色，他几乎是完全依赖她的。他合作的能力就是在这种情境下最先发展起来的。母亲是婴儿接触到的第一个人，也是除了他自身之外，最先让他感兴趣的人。母亲是他通往社会生活的第一座桥梁，一个完全不能和母亲（或另外一个可以代替母亲地位的人）发生联系的婴儿，必然会走上灭亡之路。

这种联系不仅非常密切，而且影响极为深远，因此在以后的岁月里，我们无法指出他有哪些特征纯粹是出自遗传。每一种可能是源自遗传的倾向，都已经因为母亲的修正、训练、教育而改头换面。母亲的技巧是否优良，直接影响了孩子的所有潜能。所谓母亲的技巧，我们指的是她与孩子合作的能力，以及她让孩子与她合作的能力。这种能力是无法通过教条来传授的。因为每天都会有新的情境产生，其中有成千上万点需要借助于她对孩子的领悟和了解。只有真正对孩子有兴趣，而且一心一意地要赢取他的情感，并且要保护他的利益时，她才能具备这种技巧。

在她的各种活动中，我们都能够看出她这种态度。每当她抱起孩子四处走动，对他喃喃细语，为他洗浴，或是喂他食物时，她都拥有让孩子和自己发生联系的机会。如果她没有对自己的工作进行足够的训练，或是对孩子缺乏兴趣，她就势必会动作粗野，而这就会引起孩子的反感。如果她没有学会怎样帮自己的孩子洗澡，那么孩子就会觉得洗澡是一件令他不愉快的事情，这样做的结果是孩子不但不会和她产生亲密的联系，反而会设法逃避她。她安置孩子上床的方式，她的一举一动，一颦一笑，都必须非常巧妙。她照顾孩子或是让孩子独处的技巧，也必须要恰到好处才行。她必须顾及孩子所处的整体环境——新鲜的空气、房间的温度、营养的状况、睡眠的时间、身体的习惯、衣着的整洁等。在每一个小细节，她都为孩子提供了一个喜欢她或讨厌她、愿意合作或是拒绝合作的机会。

母道的技巧中并不包含什么神秘的力量，所有的技巧都是长期训练和兴趣的结果。母道的准备工作在生命的早期就已经开始了。从一个女孩对一个比自己小的孩子的态度中，从母亲对婴儿和自己未来工作的兴趣中，便可以看出母道的第一步。对男孩和女孩都施以同样的教育，让他们认为自己将来要从事完全相同的工作，这样的教育方法并不可取。假如我们希望培养出一位很有技巧的母亲，那我们就必须用母道来教育女孩子，让她们希望成为一个母亲，并把母亲的工作视为一种具有创造性的工作，而且在以后的生活中，当她们面临自己所要扮演的角色时，才不会感到失望。

很不幸，在我们的文化中，女性的母道的价值却一直被认为是微不足道的。假如人们重男轻女，假如男性的角色占有较优越的地位，那么女孩子当然就不会喜欢她们未来的工作。没有人会满足于臣属的地位。这样的女孩子在结了婚、即将拥有子女的时候，会以各种各样的方式来表达自己的抗拒。她们不愿意也不准备怀孩子，她们不希望孩子的到来，也不觉得养育孩子是一件有趣的、有创造性的活动。这可能就是我们最大的社会问题，可是却很少有人能够正视这一问题。可以说，整个人类社会都维系于女性对母道的态度。但是，几乎在每一个地方，女性在生活中的地位都被低估了，而且被认为是次要的。即使在童年时期，男孩子也常常把家务事视为仆役的工作，似乎他们的尊严不容许他们去插手家务。人们很少认为整理家务也是女性做出的一大贡献，反而将其视为贬抑女性的一种苦役。如果女人真正能够把家务看作一种艺术，并且能够从中获得乐趣，使家人的生活变得丰富多彩，那她就能使做家务变成一项与世界上任何其他职业相比都毫不逊色的工作。反过来说，如果人们将做家务视为男人不能做的下贱工作，那么女人就必定会抗拒这项工作，她会反抗，并设法证明（其实这是很明显的事实，根本无须证明）：男女是平等的，她们应该被赋予发挥自己潜能的机会。潜能必须通过社会感觉才能够发挥出来，社会感觉会将这种潜能导向正途，使它们在发挥时不会受到外来的限制。

只要女性的地位受到歧视，那么婚姻生活的和谐就必然会被毁坏无遗。女人如果认为对孩子的兴趣是一种低贱的工作，就绝对无法学会一件事——想想给孩子一个好的开始，需要技巧、关心、了解和同情。不满足于自己的女性角色的女人，她生活的目标会阻止自己和孩子建立亲密的联系，她的目标和孩子的目标并不一致，她经常念念不忘地要证明个人的优越，为了达成这个目标，孩子就成了一个碍手碍脚的累赘。如果我们深究那些在生活中失败的许多个案，我们都能发现，它们几乎都是母亲没有适当地尽到责任造成的。她没能给孩子一个好的开始。假如母亲都失败了，假如她们都对自己的工作不满意，对孩子也毫无兴趣，那么全人类都将陷入危险的境地。

但是，我们却不能认同母亲是失败的罪魁祸首这一观点。她们没有罪。也许原本就没有人能够教导一个女人应当如何去做母亲，应当如何与人合作——也许她在婚姻生活中一直都是抑郁不快的。在良好的家庭生活面前，有形形色色的阻碍。如果做母亲的生病了，她可能希望与孩子们合作，但却心有余而力不足。假如她到外面去上班，当她回到家时，可能已经筋疲力尽了。假如这个家庭的经济状况欠佳，那么她供给孩子的食物、衣着、居处，都可能因陋就简。还有，决定孩子行为的并不是孩子的经验，而是从经验中获得的结论。当我们研究问题少年的自述时，能够看到他和母亲之间的关系存在着某些困难，但表现良好的儿童和母亲之间同样也可能存在着类似的困难。在这里，我们应该回顾个体心理学的基本观点。特征的发展并没有什么理由，但是儿童为了自己的目的，却会把他们过往的经验当作自己的理由。例如，我们无法断言营养不良的儿童一定会变成罪犯，我们必须观察他从自己的经验中树立了什么样的人生观。

我们很容易了解，如果一个女人对自己身为女性的角色感到不满，就会招致许多困难和紧张。我们都知道母道所展现出的巨大力量。许多研究都指出，母亲保护儿子的倾向，比其他各种倾向要更为强烈。在动物之间（例如在老鼠和猿猴之间），母道的驱动力已经得到证实——比性或饥饿的驱动力更加强大。如果必须要在上述几种驱动力之间选择一种的话，最占优势的必然是母道的驱动力。这种力量的基础并不是性，而是源自合作的目标。母亲常常觉得儿子就是她自身的一部分。通过她的儿子，她才能和生活的整体紧密联系，她才觉得自己是生和死的主宰。在每一位母亲身上，我们多多少少都能够发现一种感觉：母亲认为自己通过孩子完成了一件伟大的作品。我们几乎可以这么说，她觉得自己就像上帝一样——从一无所有中创造出了一个活着的生命。事实上，对母道的追求就是人类对优越地位——成为神圣的目标，追求的一种体现。这是一个最清楚不过的例子，它让我们明白：因为人类的缘故，我们怎样通过最深刻的社会感觉，将优越感目标应用于对别人的兴趣上。

母亲当然可能会夸大那种"儿子是她自身一部分"的感觉，并强迫性地利用儿子来达成自己的优越感目标。她可能设法让孩子完全依赖她，然后去控制他，使他永远留在自己身边。让我举一个70岁农妇的个案作为例证吧。她的儿子在50岁时仍然和她住在一起，而且他们两人同时患上了急性肺炎，结果母亲安然度过了危险期，儿子被送到医院后却死掉了。当母亲知道儿子的死讯后，说道："我早就知道我是没法把这个孩子带大的。"她觉得自己应该对孩子的一辈子负责，她从来就没打算要让他成为社会生活的一部分。但是，当一个母亲不能设法扩展孩子与别人的联系，并教导他与周围环境中的其他人平等合作时，她就犯下了一个严重的错误！

母亲和外界的种种关系并不是那么简单的，她和孩子的联系不应该被过分地强调。不管是为了母亲，还是为了孩子，这一点都必须得到特别的注意。过分地强调一个问题，其他的问题就会被忽视。即便我们遇到的是一个非常简单的问题，但只要我们稍稍加以重视，也比完全的漫不经心要好。和母亲发生关联的，有她的孩子、她的丈夫，还有围绕着她的整个社会生活。她必须要对这三种联系给予同等的注意，她必须凭借自己的常识冷静地面对这三者。假如母亲只考虑自己和孩子们的联系，她难免会宠坏他们。而孩子们也因此而很难发展出独立性以及与别人合作的能力。当她让孩子和自己成功地联系到一起后，她的第二项工作就是把孩子的兴趣扩展到他们的父亲身上。然而，假如她自己都对丈夫缺乏兴趣的话，那么这项工作几乎是不可能完成的。以后，她还要让孩子的兴趣转向围绕着他的社会生活中去，转到家里其他的孩子的身上，转向朋友、亲戚以及普通人的身上。因此，她的工作是双重的：她必须给予孩子一个可信赖人物的最初经验，然后再慢慢将这种信任和友谊扩展开，直到它扩展到整个人类社会为止。

如果这位母亲只是专注于让孩子对她自己有兴趣，那孩子以后可能会憎恶所有想让他对别人产生兴趣的企图。他总是从母亲那里寻求支持，对于他认为能够从自己这里分取母亲关怀的竞争者，则充满了敌意。她对丈夫或是其他孩子表现出的关切，都会被这个孩子认为是对自己权益的剥夺。这个孩子会形成一种观点："我的母亲只属于我，而不属于任何其他人。"现代的心理学家大多误解了这种情况。例如，在弗洛伊德学派的俄狄浦斯理论中，就假设孩子有这样一种倾向——要爱上母亲并希望和她结婚、憎恨父亲并希望杀死他。如果我们了解了孩子的发展，这样的错误是不可能发生的。俄狄浦斯情结只产生在那种希望占有母亲全部注意力，并企图避开其他所有人的孩子身上。这种欲望与性是没有关系的。那是一种支配母亲的欲望,它要完全控制她,使她成为自己的奴仆。只有那些被母亲娇纵惯了,并且对世界上其他人没有同胞感的孩子,才会产生这种欲望。在非常少数的例子中,始终只跟母亲联系在一起的男孩子,会把母亲当作解决自己爱情和婚姻问题的对象,但是这种态度的意义在于:除了母亲之外,他想不出还有什么人肯和他合作。他不相信还有其他的女人愿意像母亲一样成为自己的臣仆。因此,俄狄浦斯情结是由于教育的错误而形成的人工产品。我们无须假设由遗传得来的乱伦本能,也不必想象这种变态的本能与性有什么关联。

一个被母亲束缚在自己身边的孩子,一旦进入一个不再与母亲联系在一起的情境,麻烦就开始产生了。例如,当他到学校去,或是在公园和其他孩子一起玩耍时,他的目标仍然是要跟他的母亲联系在一起。不管什么时候,他都不愿和母亲分离。他希望妈妈永远在自己身边,他要占据母亲的思想,并让她关心自己。他可以使用很多种方法。他可以变成妈妈的心肝宝贝,永远都是一副软弱的样子,靠撒娇来博取母亲的同情。他可以动辄哭泣或得病,以表示自己多么需要母亲的照顾。另一方面,他还可以时常动怒,不服从母亲或是与她发生争执,以赢得母亲的注意。在问题儿童中,我们发现了各式各样被宠坏了的儿童,他们挣扎着要获取母亲的注意,并抗拒由环境带来的每一种要求。

孩子很快就能够熟练地掌握最有效地吸引母亲注意力的方法。被宠坏的孩子通常都害怕单独一个人被留下,尤其是被单独留在黑暗中。他们害怕的并不是黑暗本身,而是利用害怕来让母亲与他们更接近。有一个被宠坏了的孩子，在黑暗中总是哭闹不休。一天晚上，他的妈妈听到了他的哭声，就走过来问他："你为什么害怕呢？""因为很暗。"他回答道。但是妈妈此刻已经看破了他的目的。"难道我来了以后，"她说道，"就不暗了吗？"黑暗本身并不重要。他之所以害怕黑暗，意思只不过是不想和母亲分开。假如这样的孩子跟母亲分开了，他会运用自己所有的情绪，所有的力量，所有的心智能力，来造成一种情境——母亲必须要和他接近，并且再次跟他联系在一起。他可能会用尖叫、呼喊、无法睡眠，或者其他任何故意和自己过不去的方法，来让母亲到他的身边来。教育家和心理学家最常注意到的一种方法就是害怕。在个体心理学中，我们不再关心着找出孩子害怕的原因，而是要分辨出它的目的。所有被宠坏了的孩子都会害怕某些东西，他们利用自己的害怕来吸引母亲的注意，结果就使这种情绪成为他们生活样式的一部分。他们利用这一点来实现与母亲重新紧密联系在一起的目标。胆小的孩子一定是被宠惯了的孩子，而且他还想继续受到这种宠爱。

　　有时，这些被宠坏的孩子会被噩梦魇住，并在睡眠中大声地哭喊。这是一种众所周知的病征，但只要睡眠仍然被认为是一种与清醒互相对立的状态，那它就不可能被了解。然而，这是错误的，睡眠和清醒并不是互相对立的，他们是同一种东西的变异。在他的梦里，孩子行为的方式和他清醒时大体是相同的。他想改变情境，使其符合自己利益的目标影响了他的整个身体和心灵，在经过训练和积累了一定的经验之后，他就会找出达到这种目标最有效的方法。即使是在他睡眠时的思想中，与其目标一致的影像和记忆也会进入他的心灵。一个被宠坏了的孩子，在几次经验之后就会发现，如果他再想和母亲在一起，能够把自己吓坏的想法是非常有用的。即使他们已经长大了，被宠坏了的孩子也仍然会保留他们那充满焦虑的梦。在梦中被吓坏是一种获得注意的工具，现在它已经成为一种机械式的习惯。

　　这种焦虑的利用是很普遍的，假如我们听到哪一个被宠坏的孩子在睡觉时从来不惹麻烦，那才是真正奇怪的事。吸引注意力的把戏种类繁多：有些孩子会发现自己的睡衣很不舒服，或是吵着要喝水；其他的孩子会害怕强盗或野兽；有些孩子如果父母没有坐在自己床边的话就无法入睡；有些孩子会做噩梦，有些会跌下床，有些会尿床。我治疗过一个在夜间似乎从来不惹麻烦的被宠坏了的孩子。母亲说她睡得很甜，不做噩梦，不会在半夜醒来，从来就没有出过乱子。只有在白天时，她才会惹出种种问题。这真令人感到惊奇。我提出了许多为吸引母亲的注意力而患上的病征，但这个女孩子却一样都没有患上。最后，我总算是恍然大悟。"她睡在哪里？"我问她的母亲。"在我的床上。"这位母亲回答道。

　　对被宠惯了的孩子来说，疾病是他们求之不得的事。因为当他们生病时，他们会比平时更受到关注。这样的孩子经常在得过一场疾病之后不久，才会暴露出问题儿童的行径，乍一看仿佛是这场病让他成为问题儿童的。其实这是因为他在痊愈之后仍然记得自己患病时受到的宠爱的缘故。如果病愈之后母亲不再像生病时那么宠爱他，他就会制造出各种问题来进行报复。有时候，一个孩子会注意到另一个孩子是怎样因为患病而成为众人注意的中心的，那么他也会希望自己得病，他甚至会亲吻那个病童，希望能感染上他的病。

有一个女孩子曾经在医院里住了四年，而且受到了医生和护士们超乎寻常的宠爱。等她回家之后，起初她的父母也很宠爱她，但是过了几个星期之后，他们对她的关怀便降低了。这时，假如她想要某件东西而不能如愿时，她会把指头放进嘴里，说："我还住在医院里呢！"这是在提醒别人她曾经得过病，并想再次回到那种能够让她随心所欲的情境。在成人的世界里，我们也能看到同样的行为，他们经常喜欢谈论自己得过的疾病或是动过的手术。另一方面，有些时候，曾经让父母大伤脑筋的孩子在一场疾病之后会恢复正常，不再骚扰他们。因为我们之前已经说过，身体上的缺陷是孩子们另外的一种负担，但是我们也说过，这并不足以解释孩子们性格上的不良特征。因此，我们难免要怀疑：身体障碍的消失是否对这种改变产生了影响？有一个在家中排行第二的男孩子，他说谎、偷窃、逃学、残忍、不服从命令，惹出了很多麻烦，老师对他束手无策，所以主张把他送进感化院。正在这时，这个孩子病倒了。他的臀部患了结核症，结果在石膏床上躺了半年。等到他病愈之后，居然成了家里最乖的孩子。我们无法相信这场疾病能够对他产生这样的影响，很清楚，这种改变是因为他认识到了自己以前的想法是错误的。从前，他一直认为父母偏爱自己的哥哥，并觉得自己被忽视了。在患病期间，他发现自己才是众人注意的中心，每一个人都在照顾他、帮助他，从此他大彻大悟，放弃了那种别人总是忽视他的想法。

假如人们据此认为，要想补救母亲们经常造成的错误，最好的方法就是不要让她们来照顾孩子，而应该把孩子送进幼儿园，让阿姨看护，那这种想法就实在是太可笑了。如果我们要找一个母亲的代理人，那么我们就要找一个能够扮演母亲角色的人——她自己本身一定要像母亲一样对孩子们感兴趣，幼儿园的阿姨当然不可能比孩子的母亲更对孩子感兴趣。在孤儿院长大的儿童经常会对别人缺乏兴趣，因为没有人能够在这些孩子和其他人之间架起人际关系的桥梁。以前，有人对一些在孤儿院长大而发展不太好的儿童做过一项实验。他们找来了很多护士和修女，给这些儿童提供特别的照顾，或是将他们安置在私人家里，让家庭中的母亲像对待自己的孩子一样来对待他们。结果显示，只要保姆选得恰当，这些孩子的情况都会有显著的进步。养育这样的孩子的最好方法，就是帮他们找到一个能够代替母亲或父亲角色的人，让他们过上正常的家庭生活。因此，假如我们要把孩子从父母身旁带走，我们的当务之急就是帮他找到一个能够真正履行父母责任的人。许多失败者的出身都是孤儿、私生子、被遗弃的孩子，以及父母婚姻破裂的孩子，从这些事实中，我们可以看到母亲的温暖和照顾有多么重要。大家都知道，继母难当，因为前妻留下的孩子经常会反抗她。但是这个问题并不是无法解决的，我曾经见过很多成功化解了这个问题的人。不过大多数妇女却都不了解这样的情境。在母亲去世之后，孩子可能会转向父亲，继续接受父亲的宠爱。现在，他觉得来自父亲的关怀也被剥夺了，因此转而攻击他的继母。假如继母觉得自己必须反击的话，那么这个孩子可就真的惨了。她可能转而向孩子发出挑战，而孩子的反抗也会变本加厉。与孩子的争执必然是一场持久战，孩子也绝不会因为在争执中获胜或失败而妥协。在这些争执中，最软弱的方法才是最有效的。如果非要让孩子给予某些东西，那他必定会拒绝。假如我们都能够体会到，合作和爱情是绝对无法用武力来获得的，那么在这个世界上，一定可以避免毫无必要的紧张和毫无用处的努力。

在家庭生活中，父亲和母亲的地位是同等重要的。最初，父亲和孩子的关系并不亲密，他的影响在晚些时候才会产生效果。我们已经说过，假如母亲不能把孩子的兴趣扩展到父亲身上，就可能造成某些危险，这种孩子在社会感觉的发展上也可能会遭受严重的阻挠。对孩子来说，父母婚姻不美满的家庭也充满了危险。他的母亲可能会觉得自己的力量不足以让父亲留在家里，因此她希望孩子能够完完全全地依附于自己。也许父母双方都会因为他们个人的利益而将孩子当成争执的焦点。他们都希望孩子依附自己，爱自己甚至超过了爱对方。如果孩子们发现了父母之间的冲突，他们可能会巧妙地让父母来争夺自己。结果在父母之间便产生了一种竞争，看看谁最善于管理孩子，或者说谁更宠爱他们。在这种家庭氛围中长大的儿童，是不可能被训练出合作的能力的。他最早对别人合作所产生的感受，就是从父母那糟糕的合作关系中得来的，这样的父母不可能教给孩子们如何合作。而且，儿童对婚姻和异性伴侣最初的概念，也是从父母的婚姻中得来的。被婚姻不美满的父母抚养长大的儿童，除非他们最初的印象能够被纠正过来，否则他们对婚姻也会持有悲观的看法。即便是在成年以后，他们也会觉得婚姻注定是不幸的。他们会设法避开异性，不然的话就认定自己对异性的追求不可能成功。因此假如父母的婚姻不和谐，不是社会生活的产品，也不能作为社会生活的准备，那么孩子必定会遇到重大的阻碍。婚姻的意义是两个人结合并谋求双方相互的幸福，他们的孩子的幸福，以及全社会的幸福；如果婚姻在这三方面的任何一方面失败了，就无法与生活的要求协调一致。

因为婚姻是伴侣式的结合，所以婚姻的双方都不应该想着去驾驭对方。这一点值得我们详加讨论，不能将其视为老生常谈。在家庭生活的全部行为之中，并不需要权威的应用。假如有一个家庭成员特别突出，或比家庭的其他成员更受重视，那就一定是非常不幸的。如果父亲的脾气非常暴躁，而且想驾驭家庭的其他成员，那么男孩子们对男性应有的作风就会形成一个错误的观点。女孩子受到的伤害会更深。在以后的生活中，她们会把男人想象成暴君，婚姻则会被视为一种奴役关系或是臣属关系。有时候，她们企图用性欲倒错的方式来避开异性。假如母亲在家庭中更有权威，整天对家里的其他人唠叨，这种情势就会倒转过来。女孩子们可能会模仿母亲，变得刻薄而挑剔。男孩子则始终站在防御的地位，害怕受到批评，尽量寻找机会表现自己的恭顺拘谨。有时候，不光母亲是暴君，姐姐、姑姑也会加入管束他的阵营中来。结果，他变得更加保守，畏缩不前，不敢参加社交活动。他怕自己遇到的每一个女性都有这种唠唠叨叨、吹毛求疵的毛病，因此他就对全体女性一律敬而远之。没有人喜欢受到批评，但假如一个人把逃避批评当作自己生活的重点，那么他与社会的各种关系都会受到干扰。他看待每件事情的时候，都会遵照自己的感觉来进行推断："我是征服者，还是被征服者？"这些人将自己与别人的关系视为决定胜负的场所，他们当然不可能知道友情为何物。

至于父亲的任务，可以用以下几句话来总结：作为父亲，他必须证明自己对妻子、儿子以及社会来说都是一个好伙伴。他必须采用良好的方式来应付生活中的三个问题——职业、友情和爱情。他必须站在平等的立场上和妻子合作，照顾并保护自己的家庭。他不应该忘记妇女在家庭生活中所占有的创造性地位，而且不容贬抑，他的责任不是贬低妻子所扮演的母亲角色，而是与她一起工作。在金钱方面，我们应当特别强调，即使父亲是家庭的主要经济来源，这些钱也仍然是家庭共有的。父亲绝不应当表现出一副像是在施舍的样子，也不能让家庭其他成员感到自己像是在接受恩赐。在理想的婚姻中，由男主人提供家庭经济来源只不过是家庭成员之间分工的不同，同时也是夫妻二人合作的结果。很多父亲利用经济上的地位统治了家庭。但是在家庭中不应出现统治者，应当设法避免每一种造成不平等感觉的机会的可能。每一位父亲都应该了解，我们的文化过分强调了男性的优势地位，结果妻子在和丈夫结婚之后，便深怕自己会受到贬抑而被置于低下的地位。丈夫不能只因为自己的妻子是女性，不能像他一样赚钱养家，便认为妻子不如自己。无论妻子在家庭经济来源方面是否做过贡献，只要家庭生活是真正和谐的，那么由谁来赚钱养家或由谁来承担家务，就都不应该成为问题了。

父亲对孩子的影响非常重大。许多儿童终其一生都将自己的父亲当成偶像来崇拜，另外还有些儿童则视父亲为自己最大的仇敌。处罚，尤其是体罚，对孩子总是有害的。不能以友善方式进行的教育是一种错误的教育。非常不幸的是，在家庭中惩罚儿童的责任经常要落在父亲的头上。我们之所以说它不幸，是因为以下几点原因。第一，它使母亲有了一种信念，认为妇女无法真正地教育自己的子女，认为她们是一群需要强有力的臂膀来帮忙的弱者。如果母亲告诉自己的孩子："等你爸爸回来再教训你！"她等于是在暗示这些孩子：把父亲当成最后的权威以及生活中有实力的人物。第二，它破坏了父子之间的关系，让孩子们害怕父亲，而不觉得他是一个值得亲近的朋友。也许有些妇女害怕一旦自己惩罚孩子，就会失去孩子对自己的情感，但是要想解决这个问题，是不能把惩罚孩子的责任推卸到孩子父亲的身上的。孩子们并不会因为她召来了一个负责执行惩罚的人而不对她心怀怨恨。有许多妇女仍然把"告诉爸爸"作为强迫孩子们服从自己命令的手段，那么这些孩子日后对于男性在生活中的地位会作何感想？

假如父亲以积极的方式应对生活中的三个问题，他会成为一个家庭的中坚力量，他是一个好丈夫，也是一个好爸爸。他平易近人，善于结交朋友。如果他结交了朋友，就会让自己的家庭变成他周围社会生活的一部分。他不会离群索居，也不会受传统观念的束缚。家庭之外的影响力能够进入到家庭中，他也会以身作则地教给孩子社会感觉和合作之道。即使丈夫和妻子分别有不同的朋友，也没什么关系。但是他们应该有相同的社交生活，并且避免发生那种因为友谊问题而闹得貌合神离的事情。当然，我的意思并不是说他们应当朝夕相守，寸步不离，而是说他们在彼此共处之际，应该不会感觉到什么困难。例如，假如丈夫不愿意把妻子介绍给自己的朋友，那么这种困难也就出现了。在这种情况下，他的社会生活的中心在家庭之外。在孩子们成长的过程中，有一件非常重要的事情一定要知道，那就是家庭只是组成社会的一个单位，在家庭之外还有许多值得信赖的人。

如果父亲与他的父母、兄弟、姐妹相处得都非常好，那么孩子的合作能力也就有了很有利的前兆。当然，他最终还是要离开家庭，独自成家立业，但是这并不意味着他要么喜欢家庭，要么就和他们决裂。有时候，两个仍然依赖父母的人结了婚，他们会过分地重视自己与原来家庭之间的联系，当他们提到"家"的时候，指的是他们父母的家。假如他们仍然认为自己的父母才是家庭的中心，那么他们就不能真正建立属于自己的家庭。这个问题和每一个被牵涉到的人的合作能力都有关系。有时候，男方的父母善妒，他们想要知道儿子生活的每一个细节，并给这个新家庭添加了种种麻烦。他的妻子觉得自己没有得到尊重，并对公公婆婆多管闲事感到万分恼怒。尤其是在男方不顾父母的反对而结婚时，这种情况最容易发生。他的父母可能是错的，也可能是对的。假如他们对儿子的婚事不满意，可以在结婚之前表示反对，但是既然已经结婚了，那就只有一条路可以走——尽其所能地让这桩婚姻变得更加美满。假如无法避免门不当户不对的情形，丈夫就应该了解其中的困难，不必因此而感到苦恼。他应该将父母的反对视为父母本身的错误，同时应当尽力证明自己选择妻子的做法是正确的。夫妻双方没有必要把自己的愿望交给父母去核准，但是假如大家能够彼此合作，而妻子也觉得公公婆婆确实是在为两个人的幸福和利益着想，那么事情的进行显然就会顺利得多。

每个人最明确地期望父亲完成的事情，是他能够解决职业的问题。作为父亲，男人必须要接受职业训练，必须能够养活自己和家庭。在这一方面，他可能会得到妻子的帮助，日后孩子们可能也会去帮助他，但是在我们现代的文化环境下，经济责任主要还是落在了男人的肩上。要想解决这个问题，他就必须工作，必须勇敢，必须了解自己的职业并且知道它的利弊，他必须要在自己的行业中与别人合作，让别人对自己有好感。不仅如此，他的态度还影响着他的孩子准备用什么样的方式来面对职业问题。因此，他必须成功地解决这个问题——找到能够对全人类都有贡献的职业。但是，他本人认为自己所从事的职业是否有用倒是无关紧要，重要的是工作本身必须是有用的。我们不必听他的一面之词。如果他觉得自己是利己主义者，那固然是可悲的，但是，假如他的工作对人类共同的幸福有帮助，那也就无所谓了。

之后，我们要谈的是爱情问题的解决——亦即婚姻和幸福家庭的建立。做丈夫有一个重要的条件：必须对自己的配偶有很深的兴趣。要看一个人对另一个人是否有兴趣是一件很容易的事。如果他对她有兴趣，那他对她喜好的东西也会感兴趣，同时会把她的幸福当作自己必须兼顾的目标。情感不仅能够证明彼此之间是有兴趣的，有许多种情感还能作为夫妻之间事事和谐的明证。他必须成为妻子的良伴，他必须努力奋斗使她的生活更舒适、更富裕，他必须乐观进取以此来取悦她。只有夫妻双方都觉得两人的共同幸福高于个人的利益时，才有可能开展真正的合作。两人对对方的兴趣都应该比对自己的兴趣更浓。

在孩子的面前，丈夫不应该将自己对妻子的情感表现得过于露骨。夫妻之爱不能跟他们对孩子的爱进行比较，因为它们是完全不同的两种东西，彼此也不能互相抵消。但是，假如夫妻之间过于亲密，那么孩子就会觉得自己的地位降低了。他们会产生嫉妒之心，并希望自己能够与父亲或母亲一争高下。配偶之间的关系不应该以一种不严肃的态度来对待。此外，在父亲对儿子、母亲对女儿解释与性有关的问题时，除了孩子希望知道而且在其发展阶段也能够理解的内容，不必一厢情愿地告诉他们太多的知识。我觉得在我们现在这个时代有一种倾向，人们想要告诉孩子很多他们还无法适度掌控的性知识，结果使他们产生了不恰当的兴趣和好奇，甚至不把性当回事，而是以稀松平常的态度等闲视之。这并不见得比以往那些向孩子隐瞒或是绝口不谈与性有关的事物的态度高明多少。所以，最好是先了解一下孩子都希望知道什么，并且只回答他们正在思考的问题，而不要从成年人的角度去强迫他们接受我们认为每个人都应该知道的事情。我们必须要赢得他的信任，让他觉得我们会与他合作，并帮助他找出这个问题的解决方法；假如我们这么做了，就绝不会错得太离谱。还有，有些父母很怕自己的孩子会从同伴那里听到有危害的性故事，这也是杞人忧天。在合作和独立方面受过良好训练的孩子，是绝对不会因为朋友的谈论而遭受危害的，而且孩子们在这些事情上通常比他们的长辈还要细心。一个不打算接受错误观点的孩子，自然也就不会受到"道听途说"的影响和毒害。

在我们现代的社会中，男人有较多的机会去经历社会生活，可以知道社会制度的利弊，以及他们自身与国家甚至全世界的道德关系。他们的活动范围仍然要比女性大。因此，在这一类问题上，父亲应该成为妻子和孩子们的顾问。他不能因为自己拥有较多的经验而过于夸大其词。他不是家庭教师，所以他应该像朋友之间的互相劝告一样来劝导他们，并且要避免引起对方的反感。即使他们同意了他的看法，也不能得意忘形。如果他的妻子未曾接受过良好的合作训练，并因此反对他的主张，他也不必坚持这样的观点，或是想要运用权威来压制对方，他应该另外寻找一种可以消除这种抗拒的方法，因为争执无法令人心悦诚服。

　　一个家庭不应该过分地强调金钱，或是让金钱成为争执的题材。女人通常不会外出挣钱，因此她们对金钱大多都比丈夫更为敏感。如果批评她们浪费，她们就会深深地感到自己受到了伤害。金钱的事情应该在家庭的经济能力之内，采用合作的方式妥善安排。妻子或孩子们也不应当迫使父亲付出其能力之外无法负担的金额。从一开始，大家就应当对家里的开支有所计划，以免有人觉得自己会吃亏。父亲千万不要以为只凭金钱开路，就可以保证儿子的前途。我曾经读过一本美国人写的有趣的小书，书中描写了一个白手起家成为富豪的人，他希望自己的子孙后代都能免于贫穷和匮乏之苦，于是就去找一位律师，请教应该怎么做才能实现这个愿望。律师问他希望连续几代富裕？他告诉律师，自己的能力足以使十代子孙过上优裕的生活。"当然，你能够做到这一点，"律师说道，"但是，你知道吗，你的第十代子孙——他们每个人身上的血统来自五百多名祖先，有五百个以上的家庭都可以说你的第十代子孙是他们的后代。这样的话，他们还算不算是你的子孙呢？"在这里，我们看到了一个事实：不管我们为子孙做什么事，其实都是在为整个社会做贡献。我们无法脱离这种与同类之间的联系。

　　如果家庭中不存在权威，那么其中必定会有真正的合作。父亲和母亲必须合力协商有关孩子教育的每件事。他们任何一个人都不应该表示自己特别偏爱哪个孩子。这是很重要的。这绝不是在夸大偏爱的危险性。有些孩子会丧失生活的信心，几乎都是由于他觉得家里的另一个孩子受到了更多的偏爱。有时候，这种感觉不见得是完全正确的。但是，假如父母能够一视同仁地对待孩子，那么这种感觉就不会有滋长的可能。如果父母重男轻女，女孩子们的自卑情绪就注定会产生。孩子是非常敏感的，假如他们疑心别人会更受到更多的喜爱，即便是好孩子也可能会在生活中走上完全错误的道路。有时候，这些孩子中有一个天资较为聪颖或是长得比较可爱，那么父母是很难不表示自己比较喜欢这个孩子的。但是父母应该有技巧地避免将这种偏爱表现出来。否则那个天资比较优越的孩子就会令其他所有的孩子蒙受阴影，并感到沮丧。他们会嫉妒那个孩子，并怀疑自身的才能，他们的合作能力也会因此受到打击。父母只在口头上说没有这种偏爱是不够的，父母需要注意并且确认——在任何一个孩子的心里，是否存在着认为父母偏心的疑虑。

现在我们开始讨论家庭合作中另外一部分同样重要的内容，即孩子们之间的合作。只有当孩子们觉得彼此之间的关系是平等的，他们才会对社会产生浓厚的兴趣。也只有当男孩们和女孩们觉得彼此之间是平等的，才不会对两性之间的关系造成重大的影响。有许多人问道："同是一个家庭长大的孩子，差异怎么会这么大？"有些科学家把它解释为遗传不同的结果，但是我们却认为这是一种迷信。我们可以把儿童的成长比喻为树木幼苗的成长。假如一丛树木种植在一起，事实上它们每一株都占据着不同的情境。如果其中有一株因为能够照到更多的阳光，拥有更加肥沃的土壤，它就一定能够长得快，但它的发展也会影响到其他各株幼苗的成长。它遮住了它们需要的阳光，它的根四处伸张，吸走了它们所需的营养。结果，其他的幼苗自然就营养不良，发育也受到了影响。在一个家庭中，如果有一个成员飞扬跋扈，其结果跟我们的分析也是一样的。我们说过，父亲和母亲都不应该在家里占有太突出的地位。如果父亲非常成功或才能出众，孩子们就会觉得自己的成就不可能与父亲等量齐观。他们泄气了，他们对生活的兴趣也会受到很大的妨碍。因为这样的缘故，名门子女也经常会让父母或社会大失所望。假如父亲在所属的行业中取得了很大的成就，那么他不应在家庭里过分强调自己的成功，否则孩子们的发展就会受到阻碍。

在孩子们中间，也应该注意到同样的事情。假如有个孩子一枝独秀，那么他很有可能夺走了父母大部分的注意力。对他来说，这是一个踌躇满志的得意情境，但其他的孩子却会憎恨这种有差别的待遇。让一个人屈居于他人之下，内心却不存怨恨，几乎是不可能的事。这种杰出的孩子会伤害到其他所有的孩子，如果说这些孩子是在一种心灵缺乏润泽的状况下成长的，也不能说是言过其实。他们不会停止对于优越地位的追求，因为这种追求是不可能停下来的。然而，他们的追求却会转到其他的方向上，这些方向要么是不切实际的，要么在社会上没有任何用处。

个体心理学在探讨孩子出生顺序的利弊方面，开拓出了一片非常广阔的研究田地。为了简化起见，我们假设父母亲之间合作良好，并且尽心尽力地教养子女。可是每个孩子在家庭里的排行仍然会造成巨大的差异，每个孩子也因此在完全不同的情境中成长起来。我们必须再次强调，即使是在同一个家庭，两个孩子也不会处于完全相同的情境，因此，每个孩子都会在自己的生活样式中，表现出种种想要适应自己特殊情境的行为。

每个长子都经历过一段作为独生子的唯我独尊的时光，当第二个孩子降生时，他便骤然强迫自己去适应另外一种新的情境。长子通常都会受到大量的关怀和宠爱，他已经习惯了成为家庭的中心。突然，在毫无准备、措手不及的状况下，他发现自己被赶下了王座。因为另外一个孩子出生了，他不再是唯我独尊了。现在，他必须要和另一个对手分享父母的关怀。这种改变会对他造成重大影响，我们经常发现：问题儿童、神经病患者、罪犯、酗酒者、堕落者，这些人的困难大多就是在这种环境下开始形成的，对另一个孩子的降生感到深刻困扰的感觉最终铸就了他们的整个的生活样式。

其他的孩子也可能在同样的情况下丧失自己的地位，但是他们的感受可能不会如此强烈。因为他们已经有过与其他孩子合作的经验，他们未曾独占照顾和关怀。但对长子而言，这却是一种截然不同的转变。如果他确实因为新生子的到来而遭受冷落，我们就无法期望他能够心平气和地接受这种情境。如果他愤恨不平，我们也不应该怪罪他。当然，假如他的父母曾经让他对父母的关爱抱有信心，假如他知道自己长子的地位稳如泰山，最重要的是，假如他已经准备好要迎接新婴儿的降生，并学会了怎样帮忙照顾他，那么，这场危险就会消弭于无形，且不留任何痕迹，不会造成任何恶果。但通常他都没有做好这样的准备。新婴儿真的夺走了他原来所享有的照顾、情感和赞赏。他开始想要将母亲拉回到自己身边，并考虑要怎么做才能重新获得别人的注意。有时候，我们会看到母亲在两个孩子之间游移不定，他们两个都想比对方更多地占有母亲的注意力。年纪较长的一个通常会强取豪夺，并想出新的策略。我们可以推测，在这种环境之下，他会做出什么样的事情。假如我们处在他这种环境中，追求着自己的目标，我们所做的事与他是毫无二致的——我们会找母亲的麻烦，向她反抗，并表现出一些不容她忽视的恶行劣迹。他也会这么做。结果他将母亲弄得不胜其烦，他以最粗野的方式，运用各种可能的方法，拼命地挣扎。他的母亲却因为他惹出了麻烦而对他心灰意冷。此刻，他才真正尝到不受人爱的滋味。他为了得到母亲的爱而争战，结果却失去了这份爱。他觉得自己被冷落在一旁，他的行为真的让他被冷落了。他觉得自己的理由很充足，"我知道的，"他想，"别人都错了，只有我是对的。"他就像掉进了陷阱，越挣扎陷得越深。他对自己所处地位的认识时时刻刻都能获得支持。如果每件事情都能证明他的想法是正确的，那么他又怎么肯放弃这种争战呢？

假如看到关于这种争战的个案，我们必须研究其个别的环境。如果母亲也对他展开了反击，孩子就会变得脾气暴躁、动作粗野、喜欢吹毛求疵、拒绝服从命令。当他背叛母亲时，父亲经常会给他一个机会，使他可以恢复以前受宠的地位，他会变得对父亲感兴趣，想要赢得父亲对他的情感和注意。年纪最大的孩子通常都比较喜欢父亲，与他一起站在一边。只要看见孩子比较喜爱父亲，我们就能断定：这已经是孩子成长的下一阶段了。他最开始依附在母亲身上，现在母亲已经失掉了他的情感，于是他将情感转移到了父亲的身上，并以此作为谴责母亲的一种手段。如果孩子偏爱父亲，我们就知道他以前曾经遭遇过一场悲剧。他觉得自己被弃置不理，对这件事也一直无法忘怀，而他的整个生活样式也都建立在这种感觉上。

这种争战相当持久，有时甚至会持续一生。孩子学会了争战和坚持，他在各种情境中都能够继续争战下去。或许他找不到与自己趣味相投的人，结果他会感到绝望，以为再也无法赢得别人的情感了。在他的身上，我们会发现脾气乖张、保守畏缩、不能与人坦诚合作等特征。这种孩子让自己处于一种孤立无助的情境。他所有的动作和表现都指向过去那段已经消逝的时光——他是众人注意的焦点。因此，年纪最大的孩子经常会在不知不觉中表现出自己对过往的兴趣。他喜欢回顾过去，谈论过去。他们一直眷恋着过去，对未来却心存悲观。有时候，这种一度统治过小王国后来又丧失权力的孩子，会比其他的孩子更加理解权力和威势的重要性。当他们长大后，他会喜欢搬弄权势，并过分夸大规则和纪律的重要性。每件事情都要依法而行，而法律更不准随便更改。权力应该掌握在那些被赋予权力的人手上。我们不难理解：在儿童时期，这一类的经验往往会造成强烈的保守主义倾向。就算这种人为自己建立了良好的地位，他也总是会疑心别人想要迎头赶上，将他拉下王座，并且取代他的地位。

　　长子的地位虽然会造成一些特殊的问题，但只要妥善应付，便能化险为夷。假如在次子出生之前，他就已经学会了合作之道，那么他就不会遭受伤害。在长子中，我们经常会发现有些人喜欢保护别人或帮助别人，他们还会模仿父亲或母亲——他们经常在年幼的弟弟妹妹面前扮演父亲或母亲的角色，照顾他们，教导他们，并觉得自己对他们的幸福负有一定的责任。有时候，他们还会发挥自己善于组织的才能。这些都是好的例子。然而，想要保护别人的努力也可能扩展成希望别人依赖自己或是想要统治别人的欲望。根据我在欧洲和美洲的研究经验，我发现：绝大部分的问题儿童都是长子，紧随其后的就是最小的孩子。极端的地位造成了极端的问题！这真是一个有趣的现象！我们的教育方法还无法成功地解决长子的这种困难。

次子处于一种完全不同的地位，这种情境是不能与任何其他孩子互相比较的。从他出生之时起，他便要和另一个孩子分享父母的关怀，因此他与长子相比，更容易与别人进行合作。假如长子不敌视他的话，他也不会想着去压制他，他的境遇是相当舒适的。关于他的地位，最显著的事实就是与长子的某些不同之处——在他童年时期，始终都存在着一个竞争者。在他前面，有一个从年龄到发育等方面完全遥遥领先于自己的哥哥，他必须使出浑身解数，设法迎头赶上。典型的次子是很容易辨认的。他表现出来的行为好像是在参加一项比赛，就像有人领先他一两步，他必须加紧来超过他一样。他时刻处于一种剑拔弩张的气氛之中。他发誓要压过自己的兄长并且征服他。《圣经》给了我们很多神妙的心理学暗示，在雅各（Jccob）的故事中，就很高明地描写了典型的次子。他希望成为第一，进而取代以撒（Esau）的地位，打败以撒并且超越他。次子总是不甘屈居人后，他努力奋斗想要超过别人。他经常是成功的。次子通常都比长子有才能，并且比较成功。此外，我们没有看到遗传在这种发展中发挥任何的作用。假如他很快地超越前进，那只不过是因为他对自己要求较高。即使在他长大之后，走出家庭的圈子，也经常会给自己找一个竞争对手；他会经常把自己与那个他认为占有优越地位的人进行比较，并想尽各种办法来超越他。

我们不仅可以在清醒时的生活中看到这些特征，在人格的各种表现中发现它们的痕迹，而且在梦里也很容易发现它们。例如，长子经常会做从高处跌落的梦。他们站在巅峰的地位，但是却不敢保证能够维持自己这种优越地位。另一方面，次子经常会梦见自己参加比赛。他们要么跟在火车后面跑，要么骑着自行车和人赛跑。有时候，一个人在梦中表现出的这种紧张和匆忙，能够让我们推测出他是一位次子。

但是，我们必须强调，这些规则事实上并不是那么呆板的。作风像长子的，不一定仅限于长子。我们需要考虑的是整个情境，而不只是出生的顺序了。在大家庭中，晚出生的孩子有时也会处于长子的地位。例如，在连续生下两个孩子之后，隔了很长的一段时间才生下了老三，之后又紧跟着生下了两个孩子，如果是这样的话，那么老三也可能具有长子的全部特性。次子也是如此；第四或第五个孩子降生以后，看上去也会像是一个典型的次子。两个一起长大的孩子，只要年龄相近，跟其他的孩子又差得很远，那么他们两个就会发展出长子和次子的各种特征。

有时候，长子在这场比赛中被击败了，那么你会看到长子出现问题。有时候，他能够保持住自己的地位，并且压制弟弟或妹妹，那么惹麻烦的人就会变成次子。假如长子是男孩，次子是女孩，长子的处境就会变得非常困难。他无法承受被女孩击败的危险，在我们目前的情况下，这很可能会被他视为一种严重的羞辱。在男孩和女孩之间的紧张状态，比两个男孩或两个女孩之间的紧张状态要严重得多。在这样的争执中，女孩子总是受惠较多。到16岁时，她在身体和心灵方面都发展得比男孩子快。结果她的哥哥放弃了争执，变得心灰意冷。他会通过搞恶作剧或者干脆不择手段地攻击对方，例如吹牛或撒谎。

我们几乎可以保证，在这种情况下，赢的总是女孩子。我们会看到男孩子采用了各种错误的途径，而女孩子却轻而易举地解决了自己的所有问题，并且一帆风顺地向前迈进。这样的困难是可以避免的，但是却需要事先知道危险在哪里，应该采取哪些防范步骤。在家庭中，各个成员都应该是平等、合作、团结一致的。家里不应该存在敌对的感觉，也不应该让孩子觉得自己有一个敌人，而且还要花费时间与之进行抗争，只有这样，才能够避免不良的后果。

其他的孩子也都有弟弟或妹妹，其他孩子的地位也都可能受到威胁，只有最小的孩子是例外。他没有弟弟妹妹，但却有很多竞争者。他一直是家里最小的孩子，而且可能也是最受宠爱的孩子。他面对的是被宠坏了的孩子所特有的困难。但是，由于他受到的刺激很多，由于他有许多竞争的机会，最小的孩子经常会以异乎寻常的方式发展，他跑得比其他的孩子更快，并且超过了他们全体。在人类的历史中，最小的孩子的地位一直没有改变过。在人类最古老的故事里，便已经有最小的孩子如何超越兄长和姐姐的记载。在《圣经》里，征服者总是最小的孩子。约瑟（Joseph）被当作最小的孩子抚养大。约瑟出生之后17年，本杰明（Benjamin）出世了；但是本杰明对他的发展却没有任何影响。约瑟的生活样式完全是最小的儿子的生活样式。他始终在肯定自己的优越性，甚至在梦里也是如此。别人必须要向他低头，他的光耀淹没了他们。他的兄弟们都非常了解他的梦。对他们来说，这件事并不难办，因为他们跟约瑟朝夕相处，对他的态度也是一清二楚。约瑟在梦中所产生的感觉，他们也都感受到了。他们怕他，并且想要避开他。但是，约瑟还是从最后变成了第一。在以后的日子里，他成为了家里的栋梁，支撑着整个家庭。最小的孩子经常是整个家庭的栋梁，这件事并非偶然。人们都明白了这一点，并且编出了许多有关最小的儿子的力量的故事。事实上，他是处在一个相当有利的情境中：父亲、母亲、兄妹，都会帮助他；还有许多事物可以激发他的野心和努力，同时又没有人从后面攻击他或分散他的注意力。

可是，我们前面说过，第二大比例的问题儿童就是那些最小的儿子。这种现象的原因通常是整个家庭都在宠惯着他们。被宠坏了的孩子绝对无法自立。他丧失了凭借自己的力量获得成功的勇气。最小的孩子总是一副野心勃勃的样子，但大多数富有野心的孩子都是懒惰的。懒惰是野心再加上丧失勇气得出的结果，野心高得让人看不出有实现的希望时，自然会令人心灰意冷。有时候，最小的孩子不承认他有任何的野心，但这是因为他希望自己能够在每一个方面超过别人，他希望不受拘束、唯我独尊。从最小的孩子可能感受到的自卑感来看，这一点也是很容易了解的。这个环境中的每一个人都比他年长，比他强壮，比他经验丰富，他当然会常常自叹不如。

独生子也有属于自己的问题。他有一个对手，但是他的对手并不是哥哥或姐姐。他竞争的感觉来自他的父亲，也可说是针对他的父亲。母亲总是特别宠爱独生子，因为她怕失掉他，想要将他置于自己的保护之下。结果，他出现了所谓的"恋母情结"——这一情结整日系在母亲的围裙带上，他还想把父亲逐出家庭的圈子以外。假如父亲和母亲协力合作，让孩子对他们两个人都感兴趣，这种情形也是可以避免的，可是大部分的父亲对孩子的关怀总是不如母亲。长子和独生子是非常相像的，他们都想征服自己的父亲，他们喜欢年纪比自己大的人。独生子经常害怕自己会有弟弟或妹妹。家庭的朋友常常会说："你应该有个小弟弟或小妹妹了！"他对这样的预言深恶痛绝。他要永久地成为众人关注的焦点，他觉得这是他的权利。假如他的地位受到了挑战，他会认为那是很不公平的事。在以后的生活中，只要他不再是众人关注的焦点，他就会遇到种种困难。另一种可能妨碍其发展的危险是他出生在一个小心翼翼的环境中。如果他的父母由于身体上的原因不能够再生育了，那么我们唯一该做的事情就是尽力帮他解决独生子有可能遇到的所有问题。但是，在有可能生育更多孩子的家庭里，我们也经常能够发现只有独生子才会有的特征。这样的父母过于胆小和悲观，他们觉得自己无法解决因为孩子太多而造成的经济负担。家里充满了焦虑的气氛，孩子受到了不良的影响。

假如孩子们的出生时间间隔太远，那么每个孩子都会拥有独生子的某些性格——虽然这种情形并不是很理想。经常会有人问我，"你认为家庭里孩子的年龄最好应该相差几岁？""孩子们是应该紧接着出生，还是应该间隔较长的时间？"依据我的经验，我认为最理想的间隔是大约三年。在一个人3岁的时候，假如有更小的孩子出生了，他也能表现出合作行为。那么以他的智力，肯定已经足够了解，在家庭中可能不只有一个孩子。假如他只有一岁半或两岁，我们就无法和他讨论，他也无法了解我们的道理，因此我们就不能让他准备即将到来的事情。

在全部都是女孩子的家庭中长大的独生男孩，也会面临一段艰苦的时光——他处在全部都是女性的环境中。父亲大部分时间都不在家，他举目所见，只有母亲、妹妹和女仆。由于觉得自己与众不同，他会在孤独中成长。尤其是当"女生们"联合起来对付他时,更是如此。她们觉得必须联合起来"教育"他,或者她们想要证明他没什么值得骄傲的,因此便造成了大量的抗拒和敌意。如果他正好排行中间,那么他就可能是处于一种最糟糕的位置——他会两面受敌。如果他是长子,他便有某种危险——被一个很厉害的女性竞争对手紧紧跟住不放手。如果他是最小的孩子,他可能会被当成一个玩物。在女孩子中间长大的男孩,都属于不太讨人喜欢的类型。如果他能够参加社交活动,与其他的孩子交往,那么这个问题就能得到解决。否则,在女孩子的围绕下,他的作风也会带上女孩的味道。纯粹女性的环境与男女混合的环境是完全不同的。假如有这样一家公寓,其中没有硬性规定,居住的人可以任凭自己喜好布置房间,那么你可以断定:如果住的人是女性,这家公寓就一定是整整齐齐、有条不紊的,它的色彩经过了特别的选择,在各处微小的细节上也都非常慎重。假如男性住在里面,它大概就不会这么整洁了,其中可能充满凌乱、喧闹和破旧的家具。在女孩群中长大的男孩会带有诸如此类的女性口味,对生活也有某些女性化的看法。

　　反过来说,他也可能会强烈地反抗这种气氛,并非常重视自己的男性气息。若是如此,他会时时进行防卫,免得让自己受到女性的驾驭。他会认为必须要肯定自己的不凡和优越,因此他会时时刻刻感到紧张。他会往极端的方向发展,如果不能变得非常强壮,就会变得非常软弱。这是一种值得研究和探讨的情况;它并不是随时就能发生的,在我们做出进一步的讨论之前,我们必须要研究更多的个案。同样,在男孩子中间长大的女孩子,也很容易发展出特别女性化或特别男性化的气质。在生活中，她经常会感到自己受到了不安全感和孤立无助之感的威胁。

每当我研究成人时，我总能发现：他们在儿童早期留下的印象是永远都不会磨灭的。他们在家庭中的地位也在生活样式上留下了无法抹去的印记。发展过程中遇到的每种困难都是由家庭中的敌意和缺乏合作引起的。如果环顾我们的社会生活，并问为什么敌对和竞争是它最显著的一面，事实上不仅是我们的社会生活，整个世界都是如此，那么我们便会认识到：人类一直都在追求这样的目标——成为征服者，超越并且压垮别人。这种目标是早年训练的结果，也是那些认为自己在家里从未受到过平等待遇的儿童努力奋斗、拼命竞争的结果。要想避免这一类危害的产生，唯一的方法就是对儿童进行更多合作的训练。

第七章
学校的影响

> 班级里的每个成员都是这个团体中平等的一分子,只有按照这个方向开展教育,孩子们才会真正在彼此之间产生兴趣,并享受到合作的快乐。在教育过程中,我们应当全心全力、想方设法地增加儿童的勇气和信心,并帮他消除那些因为他对生活的解释而为自己能力定下的各种限制。

学校是家庭的延伸。假如父母能够承担起教育孩子的责任，让他们能够适当地解决生活中的各种问题，那么就没有必要让孩子接受学校教育了。在某些民族的文化中，经常有儿童完全在家里接受训练的情况。工匠会把自己从父亲那里学到的技巧，和自己从实际经验中悟到的本领，传授给自己的儿子。然而，现代的文化却对我们提出了更为复杂的要求，因此，我们需要通过学校来减轻父母的负担，并继续他们未完成的工作。现代社会需要它的成员接受家庭教育之外的更多教育。

　　美国的学校不像欧洲学校那样经过了许多不同的发展阶段，但是我们还是经常可以看到权威式传统的遗留的痕迹。在欧洲教育史上，最初只有王子和贵族子弟才能接受教育，他们是社会中唯一有价值的群体，其他人注定要安分守己，默默无闻地过一辈子。以后，社会的限制扩大了，教育开始由宗教机构接管，只有少数经过特别挑选的人才能学习宗教、艺术、科学和专业训练。

　　当工业技术得到发展后，教育的形式才得到了完全的改观，大家都致力于教育的普及。在乡下和小城镇中，教师经常由皮匠和裁缝来担任。他们在教导孩子的时候，手里总是离不开教鞭，教育的结果自然也贫乏得可怜。以前，只有宗教学校和大学才教授艺术课程，有时甚至连皇帝都是一个不学无术的皇帝，现在却发展到连工人都要会读、会写并学会如何做加减算法。公立学校由此也奠定了基础。

但是，公立学校都是遵照政府的政策建立起来的，政府的目的是要培养出驯顺的大众，教育他们要维护上层社会的利益，能够随时参军作战。学校的课程都指向了这个目标。我还记得，奥地利有一段时间仍然部分地保留着这种传统，当时，对平民阶级的教育就是要让他们服从，并强迫他们从事适合自己地位的工作。但慢慢地，这类教育的缺点就暴露出来了。自由的思想开始萌芽，工人阶级逐渐茁壮，他们的要求也逐渐增多。公立学校因此采纳和接受了他们的要求，现在流行的教育理念是：我们应该教会儿童多为自己着想，应该为他们创造出学习文学、艺术和科学的机会，应该让他们分享人类全部的文明，并对社会有所贡献。我们不再希望教育只是为了训练孩子去赚钱，或在工业制度之中谋得一席之地。我们要的是同胞兄弟，我们要的是平等、独立而且负责的伙伴。

不管他们有意还是无意，所有建议学校进行改革的人，都在寻求如何能够增加社会生活中的合作程度。例如，性格教育（character-education）的目标就是如此。按照我们对它的了解，这显然是一种很正当的要求。然而，一般来说，性格教育的宗旨和技术还未被充分了解。我们必须找到这样一批教师，他们不只是为了挣钱才去教育儿童的，他们能够根据人类的利益来工作。他们必须感悟到这种工作的重要性，并且接受过良好的训练。性格教育仍然处于试验阶段，我们必须把教条放到一旁——在性格教育中，我们不作严格而僵化的要求。

但是，即使在学校里，这样做的结果也不是令人十分满意的。孩子们来到学校的时候，有些已经成了在家庭生活中的失败者，尽管给予训诫和勉励，却仍然无法消除他们的错误。因此，除了训练教师在学校了解并帮助孩子们发展之外，别无他途可循。

我在大部分时间里都从事这方面的工作。我相信，维也纳的很多学校在这方面都遥遥领先于别的地方。在别的地方，虽然也有精神病学家在检查孩子，并对他们提出有关的忠告，但是，除非老师也同意并且能够了解如何去执行这样的忠告，否则又有什么用呢？虽然精神病学家每个星期都和孩子见一两次面，最多时甚至一天一次，但他并不能真正了解家庭和学校环境对孩子的影响。他只是写一张便条，说这个孩子应该改善营养，或应该接受甲状腺治疗。也许他还会给老师一些暗示，说这个孩子应当接受个别的指导。但是，老师既不知道这种处方的目的，也缺乏避免发生错误的经验。除非老师能够了解孩子的性格，否则他就会一筹莫展。精神病学家和教师之间需要最密切的合作，教师必须要知道精神病学家所掌握的一切情况，这样在讨论完孩子的问题之后，他才能开展自己的工作，而不需要别人为他提供更进一步的帮助。如果发生了什么意外，他也应该知道要做什么事情来补救——正如精神病学家在场时的做法一样。最实用的方法也许就是我们在维也纳设立的那种顾问会议（Advisory Council）。我将在本章的末尾详细地描述这种方法。

当孩子初次上学时，他面临着社会生活的一场新的试验。这场试验会暴露出他发展过程中出现的任何错误。现在，他必须在一个比家庭更为广阔的场合中与人合作。如果他在家里习惯了受宠爱，那么他很可能不愿意脱离那种受人保护的生活，也不能和别的孩子打成一片。因此，在被宠坏了的孩子开始学校生活的第一天，我们就能发现社会感觉对他的限制。他可能大哭大闹，吵着要回家。他对学校的生活和他的老师都没有兴趣。他根本听不进老师说的话，因为他心里想的始终都是自己。我们不难想象，假如他继续只对自己感兴趣的话，他在学校里就会落在别人的后面。经常有父母向我们述说，某个问题儿童在家里一点儿麻烦都不惹，可是一到学校去了，麻烦也跟着来了。我们因此而猜测，这个孩子可能觉得自己在家里所处的情境特别舒适。在家里，他不必接受考验，他发展过程中的错误也不会表现出来。可是，一到学校里，他就不再受宠爱了，他觉得这种情境对他来说是一种打击。

有一个孩子，从他上学的第一天起，就什么事也不干，只是在嘲笑老师说过的每一句话。他对学校的任何事情都没有丝毫的兴趣，大家都觉得他可能是个低能儿童。当我看到他时，我对他说："大家都在奇怪你为什么老是讥笑学校。"他回答道："学校是父母搞出来的一场笑话。孩子被他们送进学校，再被教成傻瓜。"他在家里时常受到别人的嘲弄，他相信，每一个新的情境都是要拿他来寻开心的诡计。我向他指出，他过于强调维护自己的尊严了，并不是每个人都想愚弄他。结果，他开始对学校产生兴趣，并且有了显著的进步。

注意儿童的困难，纠正父母的错误，两者都是学校教师的工作。他们会发现：有些儿童已经准备好了要接受更广阔的社会生活，他们在家里就已经接受过要对别人有兴趣的训练。有些儿童则没有做好这种准备；当一个人对某个问题没有准备时，他会举棋不定，或畏惧退缩。落在别人后面但并非心智低能的儿童，多半是在适应社会生活时犹疑不决。教师则是最合适的帮助他应付眼前这种新情境的人。

　　但是，教师应该如何帮助他呢？教师要做的事情必须跟母亲应当做的事情一样——和学生联系在一起，并对他产生兴趣。教师绝对不能只是训导和惩罚。假如一个孩子到了学校以后，发现自己很难与老师或同学沟通来往，教师对待他的方法就是批评或责备，这只会给他充分的理由来讨厌学校。我必须承认，假如我是一个在学校里经常受到冷嘲热讽的孩子，我也会对老师们敬而远之的。我会离开学校，设法找到新的情境，另谋发展。顽劣而难以管教的坏学生，大多数都把学校看成了令人不快的场所，而时时想着逃学的孩子。他们并不是真的愚笨，在编造不想上学的理由或是模仿家长签字的时候，他们经常能够表现出很高的天分。在学校之外，他们会找到与自己志同道合的逃学的孩子。从这些同伴中，他们获得了在学校里无法得到的赞赏，这让他们很感兴趣，并且觉得让自己有价值的圈子，不是学校，而是问题少年组织。在这种情境中，我们可以看到，不能被班上同学视为自己团体中一分子的儿童，是如何踏上犯罪之路的。

　　如果老师想要吸引儿童的注意力，他必须先要了解这个儿童以前的兴趣是什么，并设法使他相信：他在这项兴趣以及其他兴趣上都能够获得成功。当儿童在某一方面有自信时，那么在其他方面刺激他也要容易得多。因此，从一开始，我们就应该弄清孩子对世界抱有什么样的看法，最吸引他注意力而且训练程度最高的又是哪一种感官。有些孩子最感兴趣的是观察事物，有些人喜欢聆听，有些人喜欢运动。视觉型的儿童对于必须要运用眼睛的学科，例如地理或是绘画等，都比较容易感兴趣。但老师讲课时，他们却可能不会听，因为他们不习惯在听觉上注意什么。这种孩子如果没有用眼睛学习的机会，他们就会落后于别人。大家可能觉得自己能力不足或是缺乏才智，并归罪于遗传，其实老师和家长也难辞其咎，他们没有找出让孩子产生兴趣的正确方法。我的意思并不是要对这些儿童开展特殊的教育，我的意思是，我们应当利用他的某种高度发展的兴趣，鼓励他在其他方面也发展出同样的兴趣。现在已经有些学校采取视听教学，把教材编写成由各种感官同时接受的方式。例如，把绘画、雕塑和课程合并在一起，等等。这是一种值得鼓励并应该进一步推广的做法。教授课程最好的方法就是与生活中其他的部分紧密地联系在一起，使孩子们能够了解这种教导的目的以及他们所学知识的实用价值。也许有人会问：直接把教材里的知识传授给孩子，和教给他们自己进行思考，这两种方法哪一个更好？依照我的看法，在这个问题上坚持两种对立的观点有些过于刻板了。这两种方法其实是可以同时运用的。例如，引导孩子把建造房屋和数学联系在一起，让他算出需要多少木材，里面可以住多少人等，对他肯定有很大的帮助。有些课程很容易放在一起教，而我们也可以请到很多专家，把生活中的某一部分与其他部分联系到一起来教。例如，老师可以和学生们一起散步，找出他们最感兴趣的东西是什么；与此同时，他还可以教他们了解动物和植物的构造、植物的进化和利用、湿度的影响、国家的地理形状、人类的历史等生活的每一方面。当然，我们必须先要求这位老师对学生产生真正的兴趣，如果没有这一先决条件，我们便无法期望他会采用这种方式来教育孩子。

在现行的教育制度下，我们通常会发现：当孩子开始上学时，他们对竞争的准备要比对合作的准备更为充分。在他们的学校生活中，对竞争的训练也会一直不断地持续下去。对孩子来说，这是一种不幸。假如他击败了其他孩子，遥遥领先，他的不幸并不见得比那些因落后而万念俱灰的孩子少多少。在这两种情况下，他都会变得只对自己感兴趣。他的目标也不会是奉献和施予，而是争夺能够供自己享用的东西。正如家庭应该团结一致，每个成员都是这个团体中平等的一分子一样，班级里的同学也应该如此。只有按照这个方向开展教育，孩子们才会真正在彼此之间产生兴趣，并享受到合作的快乐。我看见过许多问题儿童，他们在经过与同伴的合作并分享到乐趣以后，态度会发生完全的改变。我这里特别提出一个儿童作为例证。他出生于一个他认为每个人都在与他为敌的家庭，他认为在学校里大家也会和他作对。他的功课很差，当他的父母听到这个消息以后，便在家里"修理"他。这种情况经常发生：孩子在学校里拿到一张糟糕的成绩单，挨了教师的一顿骂；把它带回家后，又受到了父母的惩罚。这种事经历一次便已足够让人丧气了，连续两次遭受惩罚简直就是恐怖。于是这个孩子开始在班上调皮捣蛋，成绩也始终没有什么起色。最后，他遇到了一位了解这种情况的老师，这位老师向其他的同学解释了他为什么觉得每个人都在与自己为敌，老师要求大家帮助他，让他相信他们是自己的朋友。结果这个孩子的行为果真有了出人意料的改善。

有时，人们会怀疑我们是否真的能用这种方式来教导孩子，使他们可以了解别人并帮助别人，但根据我的经验，孩子往往比他们的长辈更善解人意。有一次，一位母亲带着两个孩子——一个两岁的女儿和一个三岁的男孩,来到我这里。趁母亲不注意,小女孩爬上了一张桌子。母亲吓了一大跳,她害怕得动都不敢动,只是大声叫道:"下来!下来!"小女孩理都不理她。而当那个3岁的小男孩说道:"不准动!"小女孩马上就爬下来了。小男孩比母亲更了解自己的妹妹,也更懂得应该怎么办。

有一种说法认为,要加强班级里同学之间的团结和合作,最好的方法就是让孩子们自治。但我认为,这种尝试必须在老师的指导之下小心进行,而且必须先确定他们已经具备了自治的能力。否则,我们会发现,孩子们对班级的自治不是十分的严肃,他们只是它当成了一种游戏。结果他们可能比老师更严厉、更苛刻;也可能利用班会来争权夺利,攻击别人,排除异己,或是争取优越的地位。因此,从一开始起,教师就应当对学生们进行必要的注意和劝告。

如果我们想看到一个儿童当前的心智发展、性格及社会行为等各方面的标准,那就无法避免地要进行各式各样的测验。事实上,在有些时候,像智力测验这一类的测验,也能够作为救助孩子的工具。例如,有个孩子在学校里的成绩很差,老师希望让他留级,但经过智力测验后却发现他其实是可以升级的。但是,我们应该知道,一个孩子未来发展的限度绝对是无法预测出来的。智商只能用来帮助我们认清一个孩子面临的困难,使我们可以找到克服它们的方法。在我自己的经验中,当智商显示某人并不是真正的心智低下时,只要我们找到正确的方法,就能让他的智商发生改变。我发现,只要让孩子们接受智力测验,熟悉它们,发现其中的奥妙,并且增加实际考试的经验,他们的智商就会有所提高。因此,智商不应该被视为是由命运或遗传决定的，也不是儿童未来成就的限制因素。

而且，儿童本人或是他的父母，都不应该知道他的智商。他们不知道这类测验的目的是什么，他们会以为这是一种最后的判决。在教育中能够引起最大困扰的，并不是儿童本身受到的各种限制，而是他认为自己正在遭受的各种限制。假如一个儿童知道自己的智商很低，他就可能觉得自己全无希望，成功与他绝缘。在教育过程中，我们应当全心全力、想方设法地增加儿童的勇气和信心，并帮他消除那些因为他对生活的解释而为自己能力定下的各种限制。

对学生的成绩单，也应该这样来处理。当老师给某个学生一张很差劲的成绩单时，他相信这是在刺激学生发愤图强。然而，假如这个学生的家庭对他的要求很严，那么这个学生可能就不敢把成绩单带回家。他可能涂改成绩单，或是不敢回家。在这种情况下，有些孩子甚至会采取自杀这样极端的行为。因此，教师应该考虑到这些可能出现的后果。虽然教师不必对孩子的家庭生活以及它对孩子的影响负责，但是他们却应该将它列入考虑范围。如果父母亲望子成龙的心情过于迫切，那么当孩子把坏成绩单带回家里时，可能就会受到责骂。假如老师能够把分数打得稍微宽松一点，儿童可能会因此受到激励而继续努力学习，并获得成功。当孩子的成绩总是不理想，而其他同学也都认为他是班上成绩最糟糕的学生时，他自己可能也会这么想，并觉得自己已经无药可救了。然而，即使最坏的学生也能够有所进步。很多例子显示，那些在学校里落后于别人的孩子，很多都能恢复自己的勇气和信心，并做出伟大的成就。

有一个很有趣的现象，孩子们即使没有看到自己的成绩单，对彼此之间的能力也会有相当精确的了解。他们知道，在数学、书法、绘画、体育等各门功课里，哪个同学是最拿手的，他们还能够区分出自己的高下。他们最常犯的错误是相信自己再也无法进步了。他们看到别人遥遥领先，认为自己永远都无法企及这样的高度。假如一个孩子对这种看法非常固执，他会将它移转到以后的生活环境中去。即使是在成年之后的生活中，他也会计算自己的地位与别人之间的距离，认为自己必须永远停留在这个距离上。大部分儿童在各学期大致能够保持相同的名次。他们总是能够名列第一，或是排在中间，或是居于人后。这都表明他们已经为自己定下了限制，还有他们的乐观程度，以及他们的活动范围。大家绝不会不知道，即使是班上那些成绩比较落后的人，也能够改变自己的地位，并取得惊人的进步。儿童应该了解这种自我限制所导致的错误，老师和学生都应该放弃一种迷信的态度——正常儿童的进步与其天赋和能力有关。

在学校教育所犯的各种错误里面，最糟糕的一种就是相信遗传会限制孩子的发展。它为老师和家长对学生和子女的管教无方提供了一个借口，因此，他们也不必为自己对儿童的影响负任何的责任。我们应该对这一类想要逃避责任的企图进行反驳。从事教育的人如果把性格和智力的发展全部归结于遗传，那么我实在看不出他还有什么希望能够在自己的职业生涯中取得什么成就。反过来说，如果他看出他自己的态度和措施能够对孩子产生影响，他就不可能用遗传的观点来逃避自己的责任。

在这里，我谈的并不是身体上的遗传。器官缺陷的遗传是毫无问题的。我相信，只有在个体心理学中，才能真正了解这种由遗传带来的缺陷会对孩子的心灵发展造成什么样的影响。孩子会了解自己的器官的功能和作用，会依照对自己能力的判断来限制自己的发展。因此，假如一个孩子遭受了器官缺陷的痛苦，他就需要知道一件事——他没有理由认为自己在智力或性格方面也要受到限制。我们在前面已经说过，同样的身体缺陷，可能被视为更大努力和获得更高成就的刺激，也可能被视为是妨害自己发展的一种障碍。

起初，当我公布自己这个结论的时候，很多人都批评我是不科学的，他们指责我所主张的东西只是一种与事实完全不符的私人信念。然而，这一结论却是从我的经验中提炼出来的，对它有利的证据也累积得越来越多。现在，有许多精神病学家和心理学家也都不约而同地得出了同样的看法，那种性格中有遗传成分的信念和说法只能被认为是迷信。这种迷信已经存在几千年了。当人们想要逃避自己的责任，并对人类行为提出宿命论的观点时，性格特征来自遗传的理论就自然而然地出现了。它最简单的形式就是"人之初，性本善"或"性本恶"等观点。这些观点显然是站不住脚的，只有强烈地希望逃避自己责任的人才会坚持这样的观点。"善"和"恶"，就像人表现出来的其他各种性格一样，只有在社会环境中才有其特定的意义。它们是在社会环境中与同类相互切磋而得出的结果，它们蕴含了一种判断："顾全他人的利益"，或"违反他人的利益"。一个孩子在出生之前，并没有这一类的社会环境。出生之后，他的潜能足以令他向任何一个方向发展。他所选择的途径是由他从环境和从自己身体所接受的感觉和印象，以及他对这些感觉和印象的解释来决定的。除此之外，教育的影响也是非常巨大的。

其他心理功能的遗传性也都是如此，尽管能够证明它们的证据并没有这么明显。促使心理功能发展的最大因素是兴趣，这一点我们已经说过，能够妨碍兴趣的也并不是遗传，而是灰心或是对于失败的畏惧。大脑的结构是由遗传得来的，这一点毋庸赘言；但大脑只是心灵的工具，而非其根源，而且，假如大脑的损伤尚未严重到无法挽回的地步，那么它也是可以接受训练，使其缺陷得到补偿的。在每种不平凡的能力背后，我们所看到的，并不是异乎寻常的遗传，而是长期的兴趣和训练。

即便我们发现，许多家庭连续几代都出了天赋较高的人才，我们也不能认为这是遗传的作用。我们宁可假设：这个家庭中某个成员的成功，刺激了其他人奋发向上，而且家庭的传统也使孩子在耳濡目染中继承了先人的志趣。因此，打个比方，当我们发现大化学家李比希（Leibig）是药房老板的儿子时，我们也不必猜想，他在化学方面的成就是否得自遗传。我们只要知道，他生长的环境培养了他的兴趣，在其他孩子仍然处于对化学一无所知的年龄阶段时，他对这门学问的许多内容已经相当熟悉了，这就已经够了。莫扎特的父母对音乐也很感兴趣，但是莫扎特的才能却不是从遗传中得来的。父母希望莫扎特对音乐产生兴趣，因此特别鼓励他往这个方向发展。从莫扎特幼年时代开始，他的整个环境便充满了音乐。在那些杰出人物中，我们经常可以发现这种"早期的开始"，他们要么在4岁时就已经开始弹钢琴，要么在很小的时候就开始为家人写故事。这种兴趣是延续而持久的，他们所受的训练是自然而广泛的。他们一直勇往直前，不犹疑，也不退缩。

假如教师相信孩子的发展是有固定限制的，那么他就无法成功地消除儿童为自己的发展所设定的各种限制。假如他能够对孩子说："你没有数学才能。"那么他的处境便轻松多了，但是，这样做除了让孩子泄气之外，便没有任何作用了。我自己也有类似的经验。我在念书时，有好几年一直都是班上的数学低能儿，我也完全相信自己缺乏数学方面的才能。很幸运的是，有一天，我竟然出乎意料地做出了一道把老师都难倒了的题目！这次的成功改变了我对数学的态度。以往，我的兴趣完全没有放在这门功课上，现在我开始以数学为乐，并利用每个机会来增强自己的数学能力。结果，我成了学校里的数学尖子。我想，这次经验在我逐渐了解所谓特殊才能或天生能力的理论错误时，也是很有帮助的。

即使是在人数很多的班级里，我们也能够观察到孩子们之间的差异。与对他们的茫然无知相比，如果我们能够了解他们的性格，就肯定能够更容易地掌控他们。然而，班上人数太多总是不利的。总有些孩子的问题会被忽视，要想适当地培养他们也是一件很困难的事。老师应当熟知所有的学生，否则他就无法培养兴趣，学会合作。如果学生们在几年内都能跟随同一个老师学习，我想那一定是会有很大帮助的。在某些学校，教师每六个月就会轮换一次，老师失去了和学生们打成一片的机会，也无法找出他们的问题或是追踪他们的发展。如果一位老师能够与同一群学生相处三到四年的时间，他可能更容易发现某个孩子的生活样式中的错误，并设法加以补救。而且也更容易把一个班级培养成一个合作的集体。

一般来说，让孩子跳班升级是弊大于利的。通常他会肩负着许多自己无法达成的期望，因而倍觉压力沉重。假如某个孩子的年龄比自己的同班同学大，或者他发育得比班上其他孩子快，我们也许就应该考虑让他升上较高的班级。可是，如果这个班级就像我所说的那样团结一致，其中一个人的成功，对其他人都是很有帮助的。只要有一个学生光芒四射，整个班级就能够加速进步，因此剥夺其他学生接受这种激励的机会也就算不上明智之举了。所以，我的看法是，对天资聪颖的学生，除了班上的正常功课之外，再多让他参加一些其他活动，培养其他方面的兴趣，例如绘画。他在这些活动中的成功，也能增加其他儿童在这方面的兴趣，并鼓励他们继续前进。

假如让儿童留级重读，情况就更为不妙。通常，留级的学生不管在家里还是学校，都是一个大问题。当然他们不是全部如此，少数留级生能够即使留级也不会造成任何问题。但是，大多数留级生依然故我，他们在班上重新落后，再次惹麻烦。同学对留级生都没有什么好印象，他们对自己的能力也抱着悲观的看法。我们不能轻易地废除留级制度，这是当今学校制度面临的一大难题。有些教师利用假期来训练落后的儿童，让他们认识到自己在生活样式中所犯的错误，使他们不必再留级重读。当这些孩子认识到自己的错误之后，从第二学期开始，他们就能顺利地跟上课程了。事实上，这是我们能够帮助落后学生的唯一方法，只有让他看清自己在估计自己能力时所犯的错误，我们才能放心地让他凭着自己的努力不断前进。

以前，我在考察按照学生成绩优劣分班这一制度时，我便注意到了一件特别的事实。我的经验主要是从欧洲获得的，我不知道美国是否也存在同样的问题。在成绩较差的班级里，我看到心智低下的儿童与出身贫寒的儿童混在一起。在成绩优良的班级，大部分儿童的父母都是富裕的。很显然，这一制度太不合理了。贫穷的家庭对儿童接受教育的准备不够充分，因为这些孩子的父母面临着太多的困难：他们不能花太多时间来教育自己的孩子，甚至他们自身的教育程度都不足以辅导孩子。我认为把那些准备不够充分的儿童放到成绩较差的班级里是不对的。训练有素的教师应该知道如何改善他们准备不充分的局面，假如让他们和准备充分、良好的儿童相处，他们必然获益良多。如果把他们放到成绩较差的班级里，他们很快就会知道这一事实。优秀班级的儿童也会知道，并且瞧不起他们。于是，成绩较差的班级就变成孩子易于丧失勇气和不再追求个人优越地位的土壤。

　　原则上，男女同校是应该予以支持的。这是让男孩和女孩彼此认识得更加清楚，并且与异性互助合作的不二法门。可是，相信"男女同校便能解决所有问题"的人，在认识上也犯了很大的错误。男女同校本身就存在着特殊的问题，除非能够认清这个问题，并且将它当作一个问题来处理，否则两性之间的距离反倒会因为男女同校而越拉越大。比方说，困难之一就是：一直到16岁前，女孩的发育都要比男孩快。假如男孩不了解这一点，他们就很难保持自己的自尊心。他们会眼看着自己被女孩超过，并且自惭形秽。在以后的生活里，他们可能会因为这段带有挫败感的记忆而不敢与异性竞争。赞成男女同校并了解这一问题的教师，能够利用这种制度做成许多事情，但是假如他不完全赞同它，或是对它不感兴趣，他就注定要遭受失败。还有一个困难：假如对孩子们教育不当，或监督不够，那就必然会发生与性有关的问题。在学校里，性教育的问题是非常复杂的。教室并不是进行性教育的适当场所，假如教师向整个班级的学生讲述这些知识，他根本就不知道每个学生对这些知识的理解是不是正确无误的。他可能因此引起了学生们的兴趣，但却不知道孩子们是否能够接受并理解，也不知道学生们如何将这些知识纳入自己的生活样式。当然，假如孩子希望能够多知道一些这方面的知识，在私下里向他提出各种问题，教师就应该给他提供真实而坦率的回答，这样，他就有机会做出判断，孩子真正想知道些什么，并将他导向正当的解决之道。但是，如果在班上不断地讨论性的话题，也肯定是有害的。有些孩子一定会因此产生误解，他们会把性当成一件无关紧要的事，认为这并没有什么用处。

任何在了解儿童方面受过训练的人，都能很容易地区分出不同的生活样式和类型。要想看出一个孩子的合作程度，可以观察他身体的姿势，观察他观看和聆听的方式，他与其他孩子保持的距离，他是否容易与人交往，以及他的专注力。假如他老是忘记做功课，或丢掉书本，我们可以猜想：他对自己的学业不感兴趣。我们必须找出他对学校和学习失去兴趣的原因。假如他不参加其他孩子的游戏，我们可以看出他的孤独感和他对自己的兴趣。假如他总是希望别人帮他做事，我们可以看出他缺乏独立性，以及他想要得到别人支持的欲望。

有些孩子只有在受到嘉奖或赞赏的时候才愿意学习。有许多被宠惯了的儿童，只有在老师额外关注他们时，才会在功课上表现得特别优越。假如他们失去了这种特别的关怀，麻烦也就随之而来。除非有观众，否则他们就无法获得进展；如果没有人关注他们，他们的兴趣也随之而止。对这些儿童来说，数学是他们面临的一大困难。如果要他们背出数学公式或定理，他们会毫无困难地说出来，但是要让他们自己运用这些公式和定理来解答一道难题时，他们就变得一筹莫展。这似乎是一个小毛病，但对我们的共同生活造成最大危险的，就是这种终日都要别人关注和支持自己的孩子。如果这种态度保留不变的话，他在成年之后的生活中同样也会要求得到别人的支持。当他面临问题时，他的反应就是做出强迫别人帮他解决问题的举动。终其一生，他对人类的幸福都毫无贡献，而只是挖空心思成为别人永久的负担。

另外还有一种孩子，他们决心要成为众人关注的焦点，假如不能如愿，他们就会搞恶作剧，扰乱班上的秩序，带坏其他孩子。责备和惩罚都改变不了他——这对他们来说反而是正中下怀。他宁可遭受痛打，也不愿被忽视。他的行为带来的痛苦只是他为自己的欢乐付出的代价。对很多儿童来说，惩罚只是对他能否持续自己生活样式的一种挑战，他们将它视为是一场比赛或游戏，看看谁能撑得下去。结果他们总能赢，因为主动权掌握在他们的手里。所以有些喜欢和老师或父母作对的人，他们在受到惩罚时，不但不哭，反而会笑。

懒惰的孩子，除非他的懒惰是对父母或老师进行直接攻击，否则他们几乎都是野心勃勃而又害怕遭到失败的打击。每个人对"成功"一词的了解都是不相同的，有时候，当我们发现一个孩子把什么当作失败时，也会惊讶万分。有些人如果不能超过其他人，便认为自己被击败了。即使他们非常成功，但只要有人比他更好，他就会寝食难安。懒惰的孩子从未尝过被击败的滋味，因为他从来都没有面临过真正的考验。他总是尽力逃避眼前的问题，也不肯轻易地与人一较高下。别人多多少少都会认为，假如他不是这么懒的话，他一定能克服自己面临的困难。他自己也在这种想法中找到了庇护所。"只要我肯做,哪件事我做不成?"当他失败时,他也会用这个借口自我解嘲,以此来维护自己的自尊。他会对自己说:"我只是懒,不是无能。"

有时候,老师也会对懒学生说:"假如你更努力一些,你就会变成班上最好的学生。"假如他不费吹灰之力便能获此殊荣,他为什么要努力工作,甘愿冒失去受人重视的风险呢?很可能他不再懒惰时,人家就不会再觉得他怀才不露了。别人会以他的成就来评判他,而不再重视他可能达到的成就。懒孩子得到的另外一个好处就是,只要他做一点点的工作时,别人就会夸奖他。因为别人看到他似乎有洗心革面的意思,就会急着刺激或鼓励他痛改前非。同一件工作,假如由勤快的孩子来做,便不会受到这么多的重视。懒孩子就是通过这种方式来在别人的期待里生活的。同时他也是个被宠坏了的孩子,从婴儿时代起,他就学会不管什么事都要期待别人来帮他完成了。

另外还有一类非常普遍,而且也很容易辨认的孩子,那就是喜欢在同伴中发挥带头作用的儿童。人类是需要领袖的,但是大家需要的只是那种能够顾全大众利益的领袖。遗憾的是,这一类的领袖并不多见。大部分扮演领袖角色的儿童所感兴趣的,只是那种能够让自己统驭别人的情境。只有在这种情况下,他们才肯参加同伴的活动。因此,这种类型的儿童将来并不一定能够一帆风顺。在以后的生活中,他们注定会碰上各种困难。当两个这样的领袖在婚姻、事业或社交场合中碰面时,如果不演出一幕悲剧的话,就会闹出一场笑话。他们彼此都在寻找压倒对方、建立自己优越地位的机会。有时候,家中的长辈在看到被宠坏的孩子肆意指使别人时,甚至会觉得这是一件乐事。

他们开怀大笑，并鼓励他再接再厉。然而，老师们很快就发现，这样并不能发展出有利于社会生活的性格。

孩子本来就有许多不同的类型，我们丝毫没有将他们塑造成哪种固定类型的主张，我们只是希望防止那种显然会将他们导向失败和困难的人格的形成，这在儿童时代是比较容易纠正或防止的。如果没有得到纠正，不仅会对孩子成年以后的生活造成严重的影响，而且还会造成一定的危害。儿童时期的错误和成年后的失败是一脉相通的。没有学会合作之道的儿童，以后变成神经病、酗酒者、罪犯或自杀者的概率会很高。焦虑性神经病患者幼年时多害怕黑暗、陌生人或新情境。忧郁症患者多是爱哭的宝宝。在现代社会中，我们无法期望通过接近每一位父母，来帮助他们避免过错。最需要给予忠告的父母都是那些最不愿意接受劝告的父母。然而，我们却可以接近所有的老师，通过他们来接近所有的学生，矫正他们已经造成的错误，并训练他们去过一种独立、合作而充满勇气的生活。我想，人类未来幸福的最大保证就存在于这种教育工作之中。

为了实现这个目标，大约15年前，我便开始在个体心理学中提倡在学校设立顾问会议，它在维也纳以及欧洲其他很多的大城市都已经被证实是相当有价值的。有远大理想和希望自然是一件好事，但是如果没有找到合适的方法，空谈理想也是没有用的。经过15年的经验积累，我想我已经可以说：顾问会议已经获得了完全的成功，它是处理儿童问题并将儿童教育成健全个人的最佳途径。当然，我相信，假如顾问会议以个体心理学为基础，它会更加成功。但是我也找不到什么理由要反对它与其他学派的心理学家合作。事实上，我一直主张顾问会议应是各个不同学派的心理学家联合成立的，然后再比较哪个学派更为适合。

在顾问会议上，要由一位训练有素，对教师、父母和儿童所面临的困难有着丰富经验的心理学家，与某所学校的教师们共同讨论他们在教育工作过程中遇到的问题。当他来到学校时，教师应该向他描述某一个儿童的个案以及这个儿童面临的特殊问题。这个孩子也许很懒，也许喜欢与人争论、逃学、偷窃或在功课上落后同学。心理学家要贡献自己的经验，和教师展开讨论。孩子的家庭生活、性格和人格发展都应当被描述出来。发生问题的环境也必须受到特别的注意。然后教师们便与心理学家一起研讨可能造成这个问题的原因，以及处理它的方法。由于他们都拥有丰富的经验，他们很快就能得出一致的结论。

在心理学家来到学校的那一天，这个孩子和他的母亲也应该来到学校。当他们做出怎样对母亲说话，要怎样才能影响她，怎样让她明白孩子失败的原因的决定之后，母亲才会被请进来。这时母亲会透露出更多的信息，与心理学家互相讨论，然后由心理学家建议采取哪些措施来帮助这个孩子。通常母亲会很高兴得到这种协商的机会，也很愿意合作。如果她的态度游移不定，心理学家或教师可以举出类似的例子，从中引申出她可以应用于孩子身上的各种结论。

然后再将孩子叫进房间，让心理学家与他谈话，谈的不是他犯的过错，而是他眼前的问题。他要找出这个孩子心中那些妨碍自己正常发展的想法和意见，还有他自己不注意而别人却很重视的信念等等。他不会责备孩子，只是和他进行一番友善的谈话，给他灌输另一种观点。假如他想提及孩子的错误，他可以引导孩子进入一种假设的情境，并以此来征求孩子的意见。对这种工作没有经验的人，在看到孩子很快就了解并改变了自己的整个态度时，一定会感到非常惊讶。

曾经在这项工作中接受过我的训练的教师们，对它都很感兴趣，无论如何也不肯再放弃它，它使他们在学校里的工作变得更加有趣，也增加了他们获得成功的机会。没有人认为它是一种额外的负担，因为它往往在半小时以内就能解决困扰他们多年的问题。整个学校的合作精神提高了，经过一段时间后，严重的问题再也不会发生，只有一些微小的错误需要处理。教师们事实上都变成了心理学家。他们已经学会如何了解人格的整体，以及它各种表现的一贯性。如果在日常教学过程中发生什么问题，他们也能够自行解决。事实上，我们的希望也是如此：如果教师们都能受到良好的训练，就不需要心理学家了！

因此，假如班上有一个懒惰的孩子，教师就应该为这个孩子们筹办一次关于懒惰的讨论会。他可以把下列题目当作讨论的主题："懒惰是怎么来的？""它的目的是什么？""懒惰的孩子为什么不愿意做出改变？""为什么非要做出改变？"孩子们讨论后，可以获得一个结论。可能连那个懒惰的孩子都不知道，自己就是这次讨论会的原因，但这是一个属于他自己的问题，他会对讨论感兴趣，并从中学到很多东西。如果他受到的只是攻击和指责，就必然是一无所获。但是假如他肯虚心聆听的话，他就会加以考虑，进而改变自己的意见。

没有人能够像生活起居都与孩子们在一起的教师一样，可以清楚地了解学生们的心灵。他看到了孩子许多的层面，如果他手腕很好的话，他还会跟他们中间的每一个人建立起交情。孩子在家庭生活中造成的错误是会持续下去，还是会被纠正过来，完全掌握在教师的手里。教师就像母亲一样，是人类未来的保证，他对社会的贡献也是无法估量的。

第八章
青春期的引导

> 如果一个孩子已经学会把自己当成和社会上任何人都平等相待的一分子，并了解自己应该做哪些奉献工作，尤其是如果他已经学会将异性视为平等的伙伴，那么青春期就只是为他提供了一个机会，让他可以对成年人的生活问题做出自己的独立而有创造性的解答。

讨论青春期的书籍可以说是汗牛充栋，它们在处理这一题材时，几乎都认为青春期是可以让人的性格整体发生改变的危险时期。在青春期阶段固然有许多危险存在，但是它并不能真正地改变一个人的人格。青春期将正在成长的孩子带到新的情境，接受新的考验。他会觉得自己已经接近生活的前线了，在他的生活样式中一直没有被观察到的错误也会开始显现出来。当它们出现时，饱经世故的人总是能够洞察到它们。这些错误现在已经变得很明显，不容再被忽视了。

对每个孩子而言，青春期阶段最重要的一件事情就是他必须证明自己已经不再是个孩子了。我们也许可以设法让他相信这是一件理所当然的事情。假如我们能够做到这一点，这个情境中的紧张气氛就能消除许多，假如他觉得自己一定要证明它，自然会过于强调自己的立场。青春期有很多种行为都源于想要表现独立性、与成年人平等、男子气概或女人作风等这些欲望。这些表现的方向决定了儿童对于"成长"的意义抱有什么样的看法。假如"成长"的意思是指不受控制，那么孩子就会开始反抗施加在他身上的各种拘束。有些孩子在这段时间开始学抽烟，用脏话骂人，或是夜不归宿。有些甚至会出人意料地反抗自己的父母。父母也对一向听话的孩子突然变得桀骜不驯而感到大感不解。听话的孩子也许一直都对父母抱有反感，但是只有到了现在，他拥有了较多的自由和力量时，他才敢将自己的敌意展现出来。有一个孩子，经常被父亲责骂，他表面上装出一副安静而顺从的样子，可是私下里却在等待着报复的机会。等他觉得自己羽翼丰满后，便借机挑衅并殴打了父亲，再离家出走。

　　大部分孩子到青春期之后都会享有较多的自由和独立。父母不再觉得自己对他们有监护权利。假如父母想继续监督他，他必定会更加努力地想要脱离他们的控制。父母愈是想证明他还是个小孩子，他愈是反其道而行之。从这些争斗中，会发展出一种反抗的态度，结果便构成了"青年反抗主义"的典型图案。

　　我们无法给青春期做出严格的界限。它通常是从14岁左右开始，到20岁左右结束，但是有些孩子在十一二岁时就已经进入青春期了。身体各部分器官在这段时间都在加速发展，有时候它们的功能之间很不容易协调一致。孩子们身高增长，手大脚大，但却可能不那么灵活。他们需要训练这一类器官的协调能力，但是在这个过程中，如果受到别人的讥笑或批评，他们会相信自己真的是一个笨手笨脚的人。孩子的动作如果被人讥笑，他就会变得越发笨拙。内分泌腺对儿童的发育也有影响，它会促进人体功能发挥作用。然而这并不是一种从有到无的全部的改变，内分泌腺在出生之前就已经开始发挥作用，但是到了青春期它们的分泌增多，第二性征也更加明显。男孩儿会开始长胡子，声音也变得粗哑。女孩儿的体形逐渐丰满，变得更加女性化。这些事情通常都会令青年人感到惶然、困惑。

　　有时候，对成年期生活准备不足的孩子，在职业、社交、爱情和婚姻等各种问题一起向自己逼近时，会感到异常的恐慌。对于职业，他找不到能够吸引自己的工作，从而认为自己终将一事无成。对于爱情和婚姻，他对异性总是忸怩不安，遇见她们时，也会慌乱得不知所措。假如异性和他说话，他会面红耳赤，不知道说什么才好。他会一天比一天地感到绝望，最后，他对生活的所有问题都感到厌烦，认为没有人能够再理解他。他不注意别人，不跟他们说话，也不听他们说话。他不工作，也不读书，只是终日幻想，进行一些粗鄙的性活动。这是被一种被称为"早发性痴呆"（dementia praecox）的精神错乱病征。但是，这种病征其实只是他自身的一种错误而已。如果能够鼓励他，证明他走的途径不对，并指点出正确之途，他就能霍然而愈。但是，这种工作并不简单，因为他的整个生活以及过去生活中的错误都必须被纠正过来。过去、现在和未来的意义都必须通过科学的眼光重新加以检讨，不能只凭私人的想法妄加臆测。

　　在青春期面临的所有危险，都是由于对生活的三个问题缺乏适当的训练和准备才造成的。如果孩子们对未来心怀畏惧，他们自然就会以最不费力气的方法来应付它。然而，这种简单的方法却是没有任何用处的方法。孩子们越是受到命令、告诫、批评，他们就越觉得彷徨不知所措。我们越是推着他向前走，他会越是向后退缩。除非我们能够鼓励他，否则一切想帮助他的努力都会徒劳无功，甚至会伤害到他。由于他是如此的悲观和胆小，所以我们无法期望他能够自发主动地奋发向上。

　　有些孩子在这段期间会希望自己停留在儿童时代，永远不要长大。他们甚至用儿时的语言来说话，跟比自己小的孩子一起玩，装得像婴儿一样忸怩作态。但是，更多的人却会竭尽所能地仿效成人的一举一动。他们也许并不理解什么是真正的勇气，但还是要扮出一副类似成人的怪相：模仿大人的姿态，满不在乎地花钱，调戏异性并与之发生性关系。在某些棘手的个案中，那些孩子还没有看清应该用什么方法来应对生活的问题，便迫不及待地胡作非为，于是因此开始了自己的犯罪生涯。尤其是当一个人少年时犯过罪却又没有被发现，所以他就自以为聪明得可以避尽天下耳目时，这样的情况最容易出现。犯罪是逃离生活中面对的问题时最简捷的方法之一，特别是在面临经济问题的时候。因此，14—20岁的少年犯罪，有急剧增加的趋势。在这里，我们面临的并不是一种新的情境，而是较大的压力将儿童时期便已经存在的暗流释放出来的旧情境。

如果个人的活动程度较小，那么他在逃避生活中面临的问题时还有一种简捷的方法——神经病。在这种年龄段，很多孩子会患上官能性疾病和神经失常。每一种神经病的病征，都是为了不降低个人优越感而拒绝解决生活中面临的问题的借口。神经病征的出现，正是在个人面临社会性问题，又不准备用符合社会要求的方式来解决这些问题的时候。这种困难会造成高度的紧张。青春期的身体对这种紧张特别敏感，所有的器官都会被它激动，全部的神经系统也都会受到它的影响。器官的不舒适也可以成为犹疑和失败的借口。在这一类的个案里，一个人不管是私下里还是在他人面前，都会因为病痛而认为自己可以不必负担任何责任。这样便构成了神经病。每一个神经病患者都表现出了最诚挚的意愿，他非常了解社会感觉和应对生活问题时都需要什么东西，只有在他的病征中，他才可以逃避这种普遍的要求。能够让他如释重负的，是神经病本身。他的整个态度似乎在表达这样一种意思："我也急着要解决自己的问题，但是我的病却让我感到无能为力。"这一点就是他与罪犯的不同之处。后者经常是毫无顾忌地表达出自己的不良意愿，对自己的社会感觉也是麻木不仁的。我们很难确定，在这两者之中哪一个对人类利益的损害更大。神经病患者的动机虽然善良，但是抛开他的动机不谈，他的行动却也是让人讨厌的，而且也会给人以自私、有意要妨害别人的感觉。罪犯虽然不会掩饰自己的敌意，但是却要咬紧牙根压抑下自己剩余的社会感觉。

许多青春期的失败者在小时候就是被宠坏了的孩子，从这一点不难看出：对习惯于事事都要别人来服侍的儿童，成人的责任对他来说也是一种特殊的重担。他们仍然希望自己受到别人的宠爱，但是，当他们年岁渐长，他们就会发现，自己已经不再是众人注意的中心了。他们是在人造的温暖氛围中长大的，现在他们却发觉外界的空气其实是冷酷刺骨的。因此，他们就会责怪生活欺骗了他们，害得他们失败了。此时，我们就能发现，他正在开进步的倒车。这一类孩子大部分都会在读书和工作方面遭遇双重的失败，而以前看起来天资不如他们高的儿童最终却会超过他们并且表现出出人意料的能力。这与他们以前的历史并不冲突。也许此前一直非常受人重视的孩子，从现在开始会害怕辜负别人对他的期望，只要他继续受到帮助和赞赏，他就能鼓足勇气向前进，但是当环境需要他独立奋斗时，他就会勇气尽失，向后退却。而有些人则会受到这种新的自由的激励，他们清楚地看清了实现自己雄心的道路。在他们的心中，充满了全新的构想和全新的计划。他们的创造性生活从进入了"箭上弦，刀出鞘"的状态，他们对人类活动各方面的兴趣也变得鲜明而热烈。这些都是勇敢坚毅的孩子，对他们而言，独立的意义并不是困难和面临失败的风险，而是更广泛地获得成功和为别人奉献的机会。

有些儿童以前一直觉得自己受人轻视，现在可能随着与同伴的接触增多，也开始产生了也要被人欣赏的想法和愿望。在他们中间，有很多人都醉心于争取别人的赞赏。男孩子假如只想得到别人的夸奖，那是相当危险的；不过女孩子通常比较缺少自信，她们把别人的欣赏当作证明自身价值的唯一方法。这种女孩子很容易落入善于阿谀奉承她们的男人的圈套。我常常发现，有些女孩子觉得自己在家里不受欣赏，便开始和男人发生性关系，她们不仅想要证明自己已经长大了，而且还希望通过这种方式来获得一种能够被欣赏和被注意的地位。

有这样一个例子。一个出身贫寒的15岁女孩儿，她有一个哥哥，从幼年时代起，哥哥就体弱多病。母亲不得不对哥哥额外注意。在她出生时，母亲没能好好地照顾她。不仅如此，在她的幼年时代，她的父亲也一直卧病在床，父亲的病更是占据了母亲本来应该照顾她的许多时间。

正因如此，这个女孩子从小就理解了被人照顾的意义是什么。她非常注意这件事，一直盼望着能够多受别人的照顾，但在家里她却总是无法实现这种愿望。后来，母亲又生了一个妹妹，这时父亲的病虽然痊愈了，但母亲却又将自己的全副身心转移到了妹妹身上。结果，这个女孩儿觉得自己是唯一没有得到爱和温情的人。她继续拼命地奋斗学习，在家中，她是好孩子；在学校，她是好学生。由于她在学业上的成功，父母决定让她继续学业，并把她送到了一所教师对她一无所知的高中去。最初，她不了解这所新学校的教育方法，她的功课在一开始也赶不上别人，老师因此批评了她几句，她觉得万念俱灰。她急着要得到别人的赞赏。在家里没人欣赏她，在学校也是如此，她该怎么办才好？

她环顾四周，想找到一个了解她的人。在几经尝试后，她终于离家出走，与一个男人在一起生活了14天。她的家人忧虑万分，到处寻找她。结果发生了什么事，我们也能料到。她很快就发现自己仍然无法受到别人的欣赏，于是开始后悔自己做出的荒唐事。自杀是她的第二个念头，她送了一张便条回家："不要为我担心。我已经服了毒药。我很快乐。"事实上，她根本没有服毒，她之所以这样做的动机也不难理解。其实她的父母对她是非常慈爱的，她觉得自己还能博得他们的同情。结果她不自杀，只是等着母亲来找到她，把她带回家。假如这个女孩也像我们一样，知道她所追求的东西其实只是别人的欣赏而已，那么这场风波就不会发生了。假如她的高中老师也能够了解这一点，他必定能够事先进行防范。以往，这个女孩的学习成绩一直是非常突出的，假如老师知道这个女孩对此很敏感，那么只要对她稍加注意，也就不会让她心灰意冷了。

在另一个个案中，有一个女孩子，她出生在一个父母亲性格都很柔弱的家庭里。她的母亲一直想要个男孩，对这个女孩子的降生自然是大失所望。她的母亲一直很瞧不起女性，女儿也难免受到影响。她不止一次地听见母亲对父亲说："这个女孩子一点都不讨人喜欢，她长大后，一定不会有人喜欢她的。"要么就是："她长大后，我们该拿她怎么办呢？"在这种不良的气氛下度过了十几年之后，她看到了母亲的一位朋友写给母亲的一封信，信中对她只生了一个女儿表示了安慰，信中说她的母亲还年轻，将来总会生儿子的。

我们可以想象，这个女孩看过这封信之后会有什么感觉。几个月以后，她到乡下去看望自己的一位叔叔。在那里，她遇见了一个智力很低的乡下男孩，并且变成了他的情人。后来，他甩了她，但是她依旧对他一往情深。当我看到她时，她已经拥有一大群的男朋友，可是却没有哪一个能够让她称心如意。她来找我，是因为她现在患有焦虑性神经病，不敢一个人单独出门。当她对于获得别人欣赏的某种方法感到不满意的时候，她就会尝试着使用另外一种办法。现在，她是用身体的病痛来让家人为她担心。除非她放弃自己悲观的想法，否则别人就对她束手无策。她哭泣，用自杀来威胁家人，把家里闹得鸡犬不宁。我们很难让这个女孩子认清自己的处境，也很难让她相信：她在青春期时，认为设法脱离被轻视的感觉这件事的意义太过重大了！

在青春期，男孩子和女孩子都会过度地重视性关系，并加以渲染。他们希望证明自己已经长大了，结果却矫枉过正。例如，假如一个女孩子相信自己一直受到母亲的压迫而意图反抗时，她就很可能随便与自己遇到的男人发生性关系，以此作为反抗的手段。她根本不在乎母亲是否知道这件事，其实，如果她能因此而让母亲为她担心，她才觉得高兴呢！所以，我经常发现，有些女孩子在和父母亲争吵过后，便会跑到街上，与自己遇到的第一个男人发生关系。这些女孩子以前一直都被认为是很乖的，她们的教养很好，没有人能够料到她们会做出这种行为。我们可以了解，这些女孩子并没有多么深重的罪恶，她们只是在想法上产生了错误，觉得自己处于一种卑下的地位，而那种行为又是她们能够想象到的可以获得较优越地位的唯一方法。

有许多被宠惯了的女孩子发现自己很难适应女性这一角色。在我们的文化中，有一种根深蒂固的想法，认为男性总是比女性优越，结果她们便不喜欢自己处于女性地位这种感觉，进而表现出一种我所谓的"对男性的钦羡"。对男性的钦羡可以表现在很多不同的行为中。有时，我们看到的是她们讨厌男人并且回避男人。有时候，她们虽然喜欢男人，可是与男人在一起时却又忸怩不安，说不出话来。她们不愿意参加有男人的集会，面对性的问题时，也不是很自在。当她们年龄渐渐增长时，她们虽然嘴里说自己也急着结婚，但却完全没有付诸行动，她们不愿意接近异性，也不想和他们交朋友。有时，我们发现女孩子对女性角色的厌恶在青春期会表现得尤为激烈。女孩子的举止比以往更强烈地带有一种男孩子的气息。她们希望模仿男孩子，并且发现：要模仿男孩子们的恶行劣迹，比如抽烟、喝酒、说脏话、成群结党、放肆滥交等行为，实在是一件轻而易举的事情。

她们对自己的行为做出的解释通常是这样的：假如她们不这么做的话，男孩子们就不会对她们感兴趣。如果女孩子对自己女性角色的厌恶更进一步地发展，就出现了我们发现的诸如同性恋、卖淫或是其他种类的性欲倒错。大部分妓女从早年生活开始，就有一种根深蒂固的想法，认为没有人喜欢自己。她们相信自己天生就要扮演低贱的角色，她们永远无法赢得任何男人的真情和兴趣。不难了解，在这种环境下，她们是多么容易自暴自弃，并轻视自己的性别角色，认为它只不过是一种赚钱的工具而已。女孩子对女性角色的厌恶并不是在青春期才产生的，我们发现，这样的女孩子从儿童时代开始，就讨厌自己身为女孩子的地位,只是在儿童时代,她们没有将这种厌恶的需要和机会表现出来!

并非只有女孩子才会对男性表现出钦羡。所有过分高估身为男性的重要性的孩子,都会将男性化当成一个理想,进而会怀疑自己是否已经强壮到了足以实现这一理想的地步。因此,在我们的文化中,对男性化的强调也会让男孩子产生与女孩子同样的困难,尤其是他们对自己的性别角色不是非常肯定的时候。有些小孩子即使长到很大的年龄,对自己的性别可能会发生改变这样说法还持半信半疑的态度;因此,从两岁起,我们就应该让孩子们清楚地知道他们到底是男孩子还是女孩子。有时候,外表长得像女孩子的小男孩,也会有一段特别困难的日子。陌生人常常会错误地判断他的性别,即使是家里的朋友,也可能对他说:"你实在应该是个女孩子的。"这种孩子很可能将自己的外表当成一大缺憾,并且认为爱情和婚姻就是对自己一种严峻的考验。对扮演自己的性别角色没有信心的男孩子,在青春期会有模仿女孩子的倾向,他会变得脂粉气,会养成一些被宠坏了的女孩子的恶习,如搔首弄姿、装腔作势、乱发小姐脾气等。

即使是对异性的态度,也是在人生最初的四五年间打下基础的。性的驱动力在襁褓时代最初几个星期的时间里便已经相当明显了,但是在它能够作出适当的表现之前,却没有哪种东西能够激发它。假如它没有受到刺激,它的出现就必定是很自然的事情,我们不必大惊小怪。例如,我们在婴儿一岁的时候,会看到他表现出一部分性激动的征象,这时不用害怕,我们应该应用自己的影响力与这个孩子合作,让他不要只对自身感兴趣,而是要多注意环境。假如这种自渎无法阻止的话，那就又是另一种情况了。这时，我们可以断定这个孩子别有用意：他不是性驱动力的牺牲品，而是有意地用它来实现自己的目的。通常，这类小孩子的目标是吸引别人的注意。他们能够感到父母的惊讶和害怕，也知道如何捉弄父母。如果他们的习惯不能实现吸引别人注意力这一目的，他们就会放弃这种习惯。

我曾经强调，不应该给予孩子身体上的刺激。父母通常是非常疼爱自己的孩子的，孩子也很喜欢他们。为了增加孩子们的情爱，他们总是搂抱孩子，或亲吻孩子。父母应该知道，这不是正确的方法。他们不应当如此残忍。孩子们在心灵上也不应该受刺激。孩子们和成年人在回忆童年时，经常告诉我一件事——当他们在父亲的书房里看到某些春宫图画或看到这一类影片时，会引起什么样的感觉。他们实在是不宜观看这种图画或影片的。如果我们能够避免刺激他们，就不会发生这样的问题了。

另外一种形式的刺激，是我们在前面已经说过的——向孩子们灌输不必要和不合宜的性知识。有很多成年人，他们似乎有一种散播性知识的狂热劲头，他们似乎深怕别人在长大后，仍然在这方面一无所知。假如我们回顾自己的过去或是研讨别人的历史，我们怎么也发现不了他们预期的那种灾难。我们宁可等着孩子开始因为好奇而想知道这方面的事情，到那时才告诉他们。如果给予足够的注意，即使孩子不开口，父母也会了解他的好奇心。假若孩子把父母当成自己的密友，他就会向他们发问，此时父母就应该以孩子能够吸收并理解的这一类知识的方式来回答他。

还有，在孩子面前，父母最好也要避免做出过分亲密的举动。

如果可能的话，孩子最好不要跟父母亲睡在同一个房间里，或是同一张床上，更加理想的情况是，也不要让他跟哥哥或姐姐睡在同一个房间。父母对于子女的发展应当密切注意，不能掉以轻心。如果他们对孩子的性格和目标没有明确的认识，他们就无法知道孩子在哪些地方会受到别人的影响，或是需要通过什么样的方式才愿意接受别人的影响。

将青春期视为一段特别奇异的时间，几乎是一种世界性的迷信。一般而言，人类发展的各个阶段都会被赋予各种属于私人的意义，并被认为是可以完全改变个人的。例如，大部分人对更年期的态度就是这样的。然而，类似的几个阶段并不会导致截然不同的改变；它们只是一个人连续生活中的一段，它们的各种表象也没有什么特别的重要性。重要的是个人在这几个阶段中所期待的是什么，他赋予它的意义，以及他掌握的面对它的方法。人们对于青春期的到来经常会感到不安，仿佛见了妖魔鬼怪一般。如果我们能够以正确的态度去了解这些情况，我们就能知道：在青春期，除了社会情况会要求孩子们在生活样式方面作一些新的适应，其他的现象对他们并不会产生什么影响。但是，有些青年却相信，青春期是一切事物的终结，他们自身的价值和尊严从此都将失去，他们不再有合作和奉献的权利，也没有人再需要他们了。青春期的所有问题都是在这样的感觉中逐渐形成的。

如果这个孩子已经学会把自己当成和社会上任何人都平等相待的一分子，并了解自己应该做哪些奉献工作，尤其是如果他已经学会将异性视为平等的伙伴，那么青春期就只是为他提供了一个机会，让他可以对成年人的生活问题做出自己的独立而有创造性的解答。如果他对这些观念的认识程度比别人低，如果他对环境怀着错误的看法，那么在青春期，他就会表现得好像还没做好享受自由的准备一样。假如有人强迫他去做一些他必须要做的工作，那么他就可以完成；如果让他自己主动去做，他就会胆小如鼠，最终一事无成。这种孩子在奴役之下将会表现良好，一旦到了自由的环境，他反而不知道何去何从。

第九章
犯罪及其预防

> 在每个罪犯的背后,我们都能追溯出他们未曾受过合作的训练,也不具备合作的能力。因此,我们知道自己该做的事情就是把合作之道教给他们。假如我们能够训练自己的孩子,使其具有适当的合作能力、让他们发展出对于别人的兴趣,那么犯罪的数量就一定会大为减少。

通过个体心理学，我们可以了解不同类型的人，但是，人类彼此之间的差异其实并没有那么明显。我们发现，罪犯和问题儿童、神经病患者、精神病患者、自杀者、酗酒者、性欲倒错者所表现出来的失败，几乎都是属于同一种类的。他们都是在处理生活问题时遭遇的失败，特别是在某一个令人注意的固定的点上，他们会陷入完全的失败。他们每一个人都缺乏社会兴趣，对自己的同胞漠不关心。然而，即使如此，我们也没有理由认为他们与别人是截然不同的，更不能将他们与其他人区分开来。没有哪个人能够完全合作或具有完全的社会感觉，罪犯的失败只是程度较重的共同失败而已。

要了解罪犯，还有另一点是非常重要的；但是在这一点上，他们和其他人是毫无区别的。我们都希望克服困难。我们都在努力，想要在未来实现一个目标，实现了它，我们就会觉得自己强壮、优越、完美。杜威（Dewey）教授将这种倾向称为对安全的追求，这是完全正确的。还有人称之为对自我保全（self-preservation）的追求。不管我们如何称呼它，我们在人类身上总能发现这条巨大的活动线——挣扎着要从卑下的地位上升到优越的地位、由失败到胜利、由下到上。这种倾向从最早的儿童时期就已经开始，并将一直持续到生命的终止。

因此，当我们从罪犯的身上也发现同样的倾向时，也不必感到惊讶。在罪犯的各种活动和态度中，都显示出他也要努力成为优秀的人物，要解决问题，要克服困难。他与普通人的不同之处并不在于他没有付出这种形式的追求，只是他所追求的方向错了。当我们发现他之所以选择这种方向，是因为他不了解社会生活的要求和不关心自己的同胞时，我们就能明白他的行为是非常不明智的。

我们必须要特意强调这一点，因为有很多人并不这样想的。他们认为罪犯是不正常的人种，跟普通人完全不一样。例如，有些科学家们断言：所有的罪犯都是心智低能的人。还有些人特别重视遗传，他们相信罪犯是天生的，从一出生就注定他长大之后要犯罪。另外还有人主张，罪恶是由环境造成的，是无法改变的，一旦犯罪，就会继续再犯下去！现在，我们已经掌握了很多的证据，这些证据足以反驳上述这些观点，而且我们也必须要认识到，假如我们接受了这些观点，那么解决犯罪问题的希望也就荡然无存了！在我们有生之年，我们必须要消除这种人间悲剧。在整个人类的历史中，犯罪一直是一种悲剧，现在我们必须挺身而出，采取行动来避免这种悲剧的发生，我们绝不能对它视若无睹，更不能无可奈何地表示："这都是遗传惹的祸，我们一点办法也没有！"

不管环境还是遗传，都不具备强迫性的力量。同一个家庭，同一个环境出身的儿童，可能会朝着两个完全不同的方向发展。有时，罪犯可能出身于一个清白的家庭；有时，在经常有人出入监狱或感化院的"犯罪世家"里，我们也可以找到性格和品行都很好的儿童。而且，有些罪犯到后来已经痛改前非了，很多犯罪心理学家都无法解释为什么有些强盗会在将近30岁时，竟然能够放下屠刀，重新做人。假如犯罪是一种先天的缺憾，或是在环境中注定要发生的，那么这些事实就是无法被人理解的。然而，从我们的观点来看，它们却没有丝毫难以理解的地方。也许一个人的处境已经变得比较优越，环境对他们的限制也减少了，他们的生活样式中的错误也没有必要再出现。或者，他也许已经得到了自己想要的东西。最后一种可能，他已经步入老年，行动不便，不适合再继续犯罪生涯：他的骨骼僵硬得无法再飞檐走壁，梁上君子这一行他已经干不下去了。

在开始更进一步的讨论之前，我希望先澄清一下所谓"罪犯都是疯子"的观念。虽然有许多精神病患者的确也会犯罪，但是他们犯的罪却属于完全不同的类型。我们并不认为他们应该对自己所犯的罪负责，他们之所以犯罪，是因为完全不了解自己，以及采用错误的方法来对待自己，才最终造成了悲剧的结果。同样，我们也应该抛开那些心智低能的罪犯不谈，因为他们其实只不过是一件工具而已。真正的罪犯是那些背后的主谋。他们描绘出一幅美丽的远景，激起心智低能者的幻想或野心，然后再把自己藏起来，让他们的牺牲品——那些心智低能者冒着遭受刑罚的危险去执行犯罪计划。当然，一些经验老到的罪犯唆使年轻人犯罪时，情况大体也是如此。精于此道的罪犯在拟好犯罪计划之后，会哄骗年轻人去充当执行者。

现在，让我们回过头来讨论我所提出的那条巨大的活动线：每一个罪犯以及其他的每个人类，都遵循着这条线在追求胜利，在追求稳固的地位。在这些目标之间，存在着许多的不同和变异。我们发现，罪犯的目标总是在追求属于他个人的优越感。他所追求的，对别人一点贡献都没有，他也不会与别人合作。社会需要各式各样的成员，都存在着合作的可能，因为我们都会彼此需要，也都是有益于别人。但是，罪犯的目标却不包括这种对社会的有用性，这就是犯罪最为显著的特点。以后，我们将会讨论为什么会这样。现在我所要谈的是：假如我们想要了解一个罪犯，我们需要找出他在合作中失败的程度和本质。罪犯之间的合作能力是各不相同的；他们有的非常缺乏这种能力，有的则相对好一些。例如，有些人约束自己只能犯下一些小的罪恶，有些人则会犯下滔天大罪。他们有些是主谋，有些是从犯。为了了解犯罪的种种不同之处，我们必须更进一步地检讨个人的生活样式。

个人典型的生活样式很早就建立起来了，大约在四五岁时，我们就已经能够看出其主要的轮廓。因此，我们不能认为要改变生活样式是一件简单的事情。它体现出了一个人的人格，只有了解一个人在建造自己的生活样式时犯下了哪些错误，才有可能让它改变。因此，我们就可以了解：为什么许多罪犯虽然被惩罚了无数次，受尽了侮辱和轻视，并失去了社会生活的各种权利，却依然我行我素，一再犯下相同的罪行。迫使他们犯罪的，并不是经济上的困难。当然，在经济萧条、人们负担加重时，犯罪率会直线上升。统计结果显示，犯罪案件的增加是和物价的上涨成正比的。但是，这并不足以证明经济情境会导致犯罪。它只能说明，人们的行为会受到很多的限制。例如，他们合作的能力就有很多限度，当达到这些限度时，他们就无法贡献自己的力量了。他们拒绝再合作，然后加入犯罪的阵营。从其他各种事实中，我们也可以发现，有很多人在优越的环境下不是罪犯，但是当生活中出现太多自己无法应付的问题时，他们就开始犯罪了。在这里，最重要的是生活的样式，也就是应付问题的方法。

从个体心理学的这些经验中，我们至少可以得出一个非常简单的结论：罪犯对别人都不感兴趣，他们只有有限的合作能力，当超过这个限度时，他就会开始犯罪了。当一个问题难到他无法解决的程度时，他的合作限度就崩溃了。如果考虑到我们每个人都必须要面临生活的问题，以及罪犯那些无法解决的问题，最后我们就能够发现：在我们的一生中，除了社会问题外就不再有其他问题，而这些问题只有在我们对别人感兴趣时才能得到解决。

个体心理学告诉我们，生活的问题可以分成三大类。

第一类是与其他人的关系，也就是友谊问题。罪犯们有时候也能够成为朋友，但大多只是同流合污的朋友。他们会结党营私，彼此也能够做到推心置腹。但是，从中我们可以看出他们是如何缩小自己的活动范围的。他们无法和正常社会中的一般人成为朋友。他们把自己当成边缘人，他们不知道与自己的同胞相处时，要怎样做才会觉得自在。

第二类是与职业有关的各种问题。如果问罪犯关于这方面的问题，许多罪犯会回答："你根本不知道工作有多辛苦！"他们认为工作是辛苦的，所以不愿意像其他人一样与困难搏斗。有用的职业蕴含着对他人的兴趣以及对他人幸福的贡献，但这正是罪犯人格中所缺少的品质。这种合作精神的缺乏很早就显现出来了，所以大部分罪犯在解决职业问题时都没有做好充分的准备。大多数罪犯都是不学无术、缺乏一技之长的人。如果追溯他们的历史，你就能发现，他们在学生时代，甚至是在进学校之前，就已经遇到困难了。他们从来没有学过合作之道。而要解决职业问题，就非得先学会与人合作不可，可这些罪犯偏偏与此道无缘。所以，假如他们在遇到职业问题以前就已经失败了，我们也不能过分地责怪他们。我们应当将他看成那种没有学过地理却参加地理科目考试的人，他当然会答非所问，甚至交白卷。

第三类包括所有的爱情问题。在美好的爱情生活中，对配偶的兴趣和合作是同等重要的。有一个值得注意的现象是：被送进感化院的犯人，在入院之前，至少半数患有性病。这个现象显示，他们所面临的爱情问题需要一种简单的方法来解决。他们把异性当成一宗财产，我们发现，他们认为爱情是可以买卖的。对这种人来说，性生活是征服，是占有，是他们应该保有的东西，而爱情和婚姻也不是生活中的伴侣关系。"如果不能随心所欲地得到我想要的东西，"许多罪犯说道，"生活还有什么意思？"

现在，我们可以理解应该从哪些地方开始防止人们犯罪了。我们必须教会罪犯合作之道，在感化院里鞭打他们是没有任何作用的。如果只是这样的话，他们在被释放以后，很可能会再次对社会造成危害。在目前的情况下，社会是绝对无法将罪犯完全隔离开的。因此，我们要问："既然他们还不适合社会生活，我们应该拿他们怎么办？"在所有的生活问题上都不愿与别人合作，这可不是一个小问题。在一天的时间中，我们时刻都需要合作，我们与别人合作能力的高低就表现在我们观看、谈吐和倾听的方式当中。如果我的观察没有错误，罪犯们看、说、听的方式都与别人不同。他们有不同的语言，我们不难猜测，正是这种差异妨害了他们在智力上的发展。我们在说话的时候，总是希望每个人都能够了解自己。了解本身就是一种社会因素，我们赋予语言一种共同的解释；而我们理解它的方式，应该与其他人是一致的。但罪犯就不一样了，他们有个人的逻辑和个人的智慧。我们可以从他们对自己罪行的解释方式中了解这一点。他们既不是愚笨的人，也不是心智低下的人。如果我们能够接受他们错误的个人优越感目标，那他们的结论大部分都是正确的。也许有的罪犯会说："我看到一个人有一条很棒的裤子，但我却没有，所以我要杀死他！"现在，假使我们承认他的欲望是非常重要的，而且又没有人要求他以正当的方式谋生，那么他的结论便是正确的——当然，这完全是一种背离常识的分析。最近，在匈牙利发生了一宗刑事案件。几个妇人用毒药制造了多起谋杀案。当她们其中的一个被送进监狱时，她说："我的儿子已经病得奄奄一息了，我只能把他毒死。"如果她不愿意再与人合作，那么她还能做些什么？她是非常清醒的，但是她却有一种不同于常人的统觉表，对事情也有着不同的看法。由此，我们就可以理解，为什么有些罪犯在看到吸引人的东西并且想要轻而易举地得到它们时，会理直气壮地认为，他们应该从这个他们不感兴趣，而又充满敌意的世界中，把这些东西夺过来。他们对这个世界有一种错误的看法，他们对自己的重要性与别人的重要性也有一种错误的估计。

但是，考虑到他们缺乏合作精神，这一点就不再是最主要的了。罪犯全部都是懦夫。他们觉得自己的能力不足以应付一些问题，于是便选择了逃避。除了他们所犯的罪行外，我们可以在他们面对生活方式的态度中看出他们的懦弱。即使是在他们所犯下的罪行中，我们也可以看到他们的懦弱。他们隐藏在僻静和黑暗的地方，恐吓过往的行人，在行人采取防卫措施之前先亮出自己的武器。罪犯以为自己很勇敢，但我们却绝对不可以认同他们的想法，否则我们就会受到他们的愚弄。罪行是懦夫模仿英雄行径的表现。他们在追求一种由自己构想出来的个人优越感目标，他们以为自己是英雄，但其实这是由他们错误的统觉表造成的，同时也是缺少常识的表现。我们知道他们是懦夫——如果他们知道了这一点，就必然会大吃一惊。因为当他们觉得自己击败了警察的时候，他们的虚荣心和骄傲感都会增加，因此他们经常会想："我是绝不会被抓到的。"假如对每一个罪犯的犯罪生涯做一次仔细探讨的话，我相信我们一定能够发现他曾经犯下过许多尚未被察觉的罪行。这是一件非常不幸的事。在东窗事发时，这些罪犯会想："这一次我在某些地方失算了，下次一定要干得干净利落点！"假如他们能够成为漏网之鱼，他们就会觉得达到了自己的目标，然后扬扬得意地接受同伴的祝贺和赞赏。

我们必须打破罪犯对自己勇气和机智的评断方法。但是，缺口在哪里呢？在家庭、学校或感化院里，我们可以找到这个缺口。我会在后面描述它的要害所在；现在，我要进一步讨论一下可能会造成合作失败的环境。有时候，这个责任必须由父母来承担。也许母亲的技巧不够，不能让孩子与自己合作，或许她认为没人能够帮助自己，或许她自怨自艾——自己都不能和自己合作。在不愉快的婚姻或破裂的婚姻中，我们很容易发现合作精神的缺失。婴儿最先和母亲合作，而这位母亲很可能不希望让孩子的社会兴趣扩展到父亲、其他孩子或成人的身上。此外，这个孩子可能一直都觉得自己是家里的霸王；等到他三四岁的时候，另一个孩子出生了，他就被从王位上被赶了下来。这些都是必须被考虑在内的因素；而且，如果你追溯罪犯的生活的话，你大概能够发现，麻烦在他早年的家庭生活中就已经出现了。具有影响力的并不是环境本身，而是孩子对自身地位的误解，而且还没有人去帮他纠正。

假如有一个孩子在家里特别出色或是天赋特别地高，那么对其他的孩子来说，这就是一件令他们难堪的事情。因为这个孩子获得了最多的注意，而其他人则觉得气馁而愤愤不平。他们拒绝合作，因为他们想奋力竞争，但却没有足够的信心。在这些被别人的光芒所掩盖，而又没有机会展现自己才能的孩子身上，我们经常能看到一种不愉快的人格在发展。在这群孩子中间，我们就可能找到罪犯、神经病患者或是自杀者。

对于缺乏合作精神的孩子，在他上学的第一天，我们就能够从他的行为中发现他的缺点。他无法与其他的孩子交朋友，也不喜欢老师。他总是一副漫不经心的样子，上课时不认真听讲。如果老师不了解他，他就可能会遭受新的打击。他会受尽冷嘲热讽，而不是谆谆教导和鼓励，教师也不会向他传授合作之道。无疑，他会觉得学习是一件很乏味的事情！假如他的勇气和自信不断受到新的打击，他自然就不可能对学校生活感兴趣。你经常能够发现，很多罪犯在13岁时仍然停留在四年级，而且时常因为愚笨而受到责备。他对别人的兴趣逐渐丧失，他的目标也逐渐转移到了一些没有用的东西上面。

贫穷也很容易使人对生活产生错误的理解。出身贫寒的儿童，在外面可能会遭受别人的敌视。他的家庭可能衣食匮乏，终日在愁云笼罩中与贫困的生活搏斗。他本人也可能很早就需要去赚钱来贴补家用。以后，当他看到许多有钱人过着奢侈的生活，并能随心所欲地购买东西时，他就会觉得这些人是不应该享受比他更多的权利的。这就是为什么在贫富悬殊的大都市里犯罪案件特别多的原因。妒忌绝对不会产生有价值的目标。在这种环境中，儿童很容易产生误解，以为得到优越感的方法就是对金钱的不劳而获。

自卑感也可能集中体现在身体的缺陷上，这是我自己的发现之一。由于这一点，我竟然也为神经学和精神病学中的遗传理论担当了开路先锋的角色，这真是一件令人遗憾的事情。但是，我最初在写由身体引起自卑感以及心灵的补偿作用时，就已经预感到这种危险了。这种自卑感的产生不应该归咎于身体，而应该向我们的教育方法问罪。如果我们采用正确的方法，那么身体有缺陷的儿童对别人、对自己都会感兴趣。假如没有人在一旁引导他们发展出对别人的兴趣，他们就会只关心自己，不关心别人。当然，许多人的内分泌腺都有一定的缺陷，但我却很乐于澄清一个事实：我们绝对无法说出某一种内分泌腺的正常作用是什么。人体内分泌腺的作用可以产生相当大的变化且不损及人格。所以，我们可以抛开这个因素不予考虑，如果我们的目的是为了找到正确的方法，使这些孩子成为良好的公民，使他们对与其他人合作感兴趣，尤其是在这样的情况下，就更应该抛开内分泌腺的因素。

有相当大一部分比例的罪犯是孤儿，在我看来，如果人类无法让这些孤儿树立合作精神，那简直就是现代文明社会的奇耻大辱。私生子也是如此——没有人愿意挺身而出，赢得他们的情感，并将这种情感转移到全人类的身上。被遗弃的孩子经常会走上犯罪之路，尤其是当他们知道没人愿意要自己的时候。在罪犯里面，我们还经常能够发现容貌丑陋的人——这件事实曾经被用来证明遗传的重要性。但是，请设身处地为那些容貌丑陋的人想一想，他们是什么感觉！他是非常不幸的。也许他是不同种族的混血儿，没有吸引人的外貌，遭受着社会的偏见。如果这样的孩子长得很丑，他的整个生命都会承受沉重的压力，他甚至不像我们每个人一样，拥有一段最喜欢的、值得回忆的时光——欢乐而美好的儿童时代。但是，假如我们用正确的方法来善待这些孩子的话，他们还是会发展出自己的社会兴趣的。

还有一个有趣的事实，那就是在罪犯们中间，我们有时也会发现一些英俊潇洒的男孩或男人。假如前一类型的人可以被认为是不良遗传因素的牺牲品，比如天生就带有身体上的缺陷——如残手、兔唇等，那么对这些英俊的罪犯，我们又该如何解释呢？其实，他们也是生长在一个很难发展出社会兴趣的情境中的，他们都是被宠坏了的孩子！罪犯可以被分为两种类型。一种罪犯不知道这个世界上还有所谓的同胞之爱，对它也完全没有经验。这种罪犯对别人有一种敌意。因为他的外貌对别人来说充满了敌意，所以他也把每一个人都当成了敌人。因此，他发现根本不会有人欣赏他。另一种罪犯就是被宠坏了的孩子。在犯人的埋怨中，我经常留意到有人在说："我之所以会落到今天这种地步，都是因为我母亲把我惯坏了。"对于这一点，我们应该再做详细的讨论，但是我之所以在这里提到它，只是要强调一点：尽管罪犯所受的教养和训练各不相同，但有一点是相同的：他们都没学会合作之道。父母可能也想把自己的孩子教育成良好的公民，但是他们却不知道从何入手。如果父母整天板着脸，无论何事都对他吹毛求疵，那就一定不会获得教育的成功。如果父母娇纵他，始终让他成为舞台上的主角，那他就会因为自己的存在而觉得自己很重要，却不愿意通过付出具有创造性的努力来博取其他人的赞扬。因此，这种孩子会失掉奋斗的动力，他们会一直希望有人来注意自己，也一直期待着某些事情的发生。如果找不到可以满足他们这种愿望的方法，他们就会归咎于环境。

现在，让我们研究几个个案，来验证一下我所说的是否正确，当然，这些个案并不是为了这一目的而收集的。我要讨论的第一个个案，是从薛尔敦（Sheldon）和吉利克（Eleanor T·Glueck）合著的《五百犯罪生涯》一书中选出来的，是"百炼金刚约翰"的个案。这个男孩检讨自己犯罪生涯的起因时说道："我从来没有想过我会这样自甘堕落。一直到十五六岁，我与别的孩子都是一模一样的。我喜欢运动，我也经常到图书馆借书看，我的生活井井有条。后来，我的父母让我退学，要我去工作，并且把我的薪水全都拿走，每个星期只给我五角钱。"

这些话都是他的控诉。如果我们问他和父母之间的关系，如果我们能够看到他整个的家庭情境，我们就能发现他真正的经历到底是什么。到目前为止，我们只能断定他的家庭不太和谐。

"我工作了将近一年，然后我开始和一个女孩子来往。她很喜欢玩。"

我们经常会发现罪犯会将自己的感情寄托在一个喜欢玩乐的女人身上。这是一个与合作程度有关的问题和考验。他和一个喜好玩乐的女孩子来往，可是他每星期只有五角零用钱。我们不认为与那个女孩交往就真的能够解决他的爱情问题。他应该知道，世界上还有许多女孩子。在这种情况下，假如是我，我会说："如果她这么喜欢玩乐，那她一定不是我想要的女孩子！"可是，生活中什么东西才是最重要的呢？每个人对这个问题的看法都是不同的。

"这年头，一个星期只凭五角钱，根本就不可能让女孩子玩得痛快。老头子又不肯多给我一点。我难过得很，心里总是在想，要怎样才能够多赚一点钱？"

常识会告诉他："你应该更加努力，多赚一点钱。"但他想的却是不劳而获，他希望讨好这个女孩子，也让自己更高兴，其余就管不了那么多了。

"有一天我遇见了一个人，很快我们就混熟了。"

遇见陌生人是对他的又一次考验。有正当合作能力的男孩子，是不可能因为受到引诱而动心的。但是这个孩子的处境却使他很容易接受诱惑。

"他是'老大'（换句话说，就是资格很老的窃贼。他聪明能干，精通此道，而且愿意和你分享成果，又不会用卑鄙的手段来害你）。我们一起干了几票生意，都顺利得手了。以后我就很熟练了。"

同时，我们还了解到：这个男孩的父母有一栋属于自己的房子。父亲是一家工厂的领班，全家人只有周末才能团聚。这个男孩是家里的三个孩子之一；在他误入歧途之前，他们家从没有人有过犯罪记录。我很想知道那些主张遗传的专家对这一个案会有什么样的解释。他还承认自己在15岁时便已经开始和异性发生性关系了。我敢断言，一定会有人批评他好色。但是这个孩子对其他人并不感兴趣，他只想让自己快乐。纵情声色是任何人都能做到的，这并没有什么困难。这孩子想在这方面寻求别人的欣赏——他想要成为征服异性的英雄。他在另一方面的兴趣也能够证实这一点。他希望在容貌上胜过别人，来吸引女孩子的注意。他为她们付钱，希望能够赢得她们的芳心。他戴着一顶宽边帽，颈部系着一条红色的大手帕，皮带上插着一把左轮手枪，并给自己取了一个"西部不法之徒"的外号。他是一个虚荣心很强的男孩，想要展现自己的英雄气概，却又没有其他的方法。因此，他在16岁时因行窃被捕之后，不但承认了所有控诉他的罪名，而且还大言不惭地说道："还有很多其他的事呢！"

"我不认为自己有什么活下去的价值。对于一般所谓的人道，除了最彻底的蔑视之外，我就一无所有了。"

这些思想其实全部都是潜意识里产生的。他不了解它们，也不知道将它们连贯起来以后意味着什么。他觉得生命对自己来说是一种负担，但是他却不明白自己为什么会这么气馁。

"我学会了不相信任何人。大家都说贼不偷贼，其实没这回事。我曾经有个伙伴，我对他仁至义尽，但他却在暗中害我！"

"如果我有了足够的钱，我也会像平常人那样正直。我的意思是说：要有足够的钱供我任意花销，不必工作，因为我不喜欢工作，我讨厌工作，以后我也绝不工作。"

我们可以把男孩这段话转译如下："该对我误入歧途负责任的，是压抑的情绪。我强迫自己压抑希望，结果却变成了罪犯。"这一点，是很值得我们深思的。

"我从来都不是存心想犯罪的。每当我开着车到一个地方去的时候，自然就有一些东西会来招惹你，让你心痒难耐，结果我只能把它带走了。"

他相信这是英雄行径，而且绝不会承认这是一种懦弱的表现。

"我第一次被捕时，身边带着价值四千元的珠宝。当时我实在想不出有什么事是比找我的女朋友更重要的，所以就想卖掉珠宝换点现金去看她，结果警察就抓到我了。"

这种人在女朋友的身上大把花钱，轻易地赢得了女朋友的好感，他们认为这是一种真正的胜利。

"监狱里有各种学校，我要在这里尽我所能地接受教育——我不是要洗心革面，而是要让自己成为社会上更厉害的人物！"

这种态度表现出他对人类的极度痛恨。不仅如此，他根本就不想让人类生存在这个世界上。他说："如果我有孩子的话，我一定要绞死他！你想我会罪恶深重到把一个人带到这个世界来吗？"

我们应该怎样感化这样的人呢？除了设法提高他的合作能力，并让他明白自己对生活的估计全都是错误的以外，实在没有其他的办法了。只有追溯出他儿童时代最早做出的误解时，我们才能找到劝服他的办法。在这个案中，我在这方面一无所知。个案并未描述出我所认为的重要的内容。如果一定要我猜测的话，我猜他是长子，最初他也像其他的长子一样地受尽宠爱，后来因为另一个孩子的出生，使他觉得权位尽失。假如我的猜测正确的话，你会发现：诸如此类的小事都可能妨害到合作的发展。

约翰——这个男孩，还说当他被送入工业感化学校后，在那里受尽了虐待。当他离开时，心里充满了对社会的强烈的仇恨。对这一点，我必须说几句话。从心理学家的角度来看，监狱中的粗暴待遇就是一种挑战。它是对强韧性的考验。同样地，当犯人们不断听到"回头是岸，重新做人"时，他们也会将它当成一种挑战。他们要成为英雄，所以他们非常乐于接受这样的挑战。他们把这当成一种比赛，他们觉得社会在挑战他们，他们必须坚强地支撑下去。如果一个人以为他正在和全世界作战，还有什么事情能够比这样的挑战更能惹恼他呢？在问题儿童的教育里，向他们挑战也是我们最大的错误之一："我们看看谁比较强！我们看看谁撑得住！"这些儿童和罪犯一样，都沉迷在要成为强者的观念中。如果他们足够聪明，他们也能知道自己可以摆脱这种观念。感化院经常对犯人们提出各种挑战，这是最糟糕的做法。

现在我想给你看的是一个谋杀犯的日记，他已经因为这项罪名被处以绞刑。他残忍地谋杀了两个人，在作案之前，他把自己的想法都写了下来。这部日记给了我一个机会，让我能够描述罪犯心中进行的计划。没有哪个人在事实犯罪之前是不做计划的，在制订计划时，他们必然会为自己的行为寻找一个合理的解释。在这一类的自白书中，我从来没有发现过把自己的罪行描述得简单而又明了的例子，也从没有发现过不想为自己的行为做辩解的罪犯。在此，我们可以看出社会感觉的重要性。即使是罪犯，也会想与社会感觉协调一致。同时，他还要准备消灭社会感觉，在他作案之前，首先要突破社会兴趣的壁垒。因此，在陀思妥耶夫斯基（Dostoievsky）著名的长篇小说《罪与罚》中，拉斯柯尼科夫（Raskolnikov）在床上躺了两个月，考虑他是否该去犯一项罪行。最后，他用这个想法鼓起了勇气："我是拿破仑，还是一只虱子？"罪犯们经常用这一类的想象来欺骗自己，激励自己。其实，每个罪犯都知道他所从事的不是生活中有用的一面，但他也知道生活中有用的一面是什么。然而，由于懦弱的原因，他却对这有用的一面置之不理。他之所以懦弱，是因为他缺乏成为有用人才的能力，生活的问题都是需要与人合作才能解决的，可是对于合作之道他却是个一窍不通的人。犯罪后，罪犯们会想办法解脱自己的负担，他们会寻找一些借口来掩饰自己的行径，例如生病、失业等。

下面就是从这部日记中摘录出来的句子：

"认识我的人都背叛了我，我讨人厌，我惹人嫌，我是众人侮辱的目标（他显然是个很爱面子的人）。巨大的不幸几乎要把我毁灭。没有什么东西是值得我留恋的，我觉得自己无法再继续忍受下去了。我应该听天由命、任人宰割，可是吃饭的问题怎么办呢？肚皮可是不听我指挥的啊！"

他开始寻找借口了。

"有人预言我会死在绞刑台上。但是话又说回来，饿死和死在绞刑台上又有什么区别呢？"

在另外一个个案中，有位母亲对他的孩子预言道："我知道有一天你一定会绞死我的！"在这个孩子17岁的时候，他果然绞死了自己的妈妈。预言和挑战有着同样的作用。

"我顾不上后果如何了。无论如何我总是要死的。我一无所有，别人也拿我没有办法。既然我想要的女孩子都不肯和我见面了……"

他想要勾引这个女孩子，可是他既没有体面的衣裳，又没有钱。

他把这个女孩子视为一宗财产，这就是他面对爱情和婚姻问题时的解决方法。

"我也只好拿出同样的手段，想办法把她弄来当奴隶，否则我就彻底受不了了！"

这样的人都喜欢采取激烈的极端的行为。他们就像小孩子一样，要么得到每一件东西，要么什么东西都不要。

"星期四，我就孤注一掷了。祭品已经选定，我在静待着时机的来临。当它来临时，就将发生一件没有人干得了的事情。"

他是自己心目中的英雄，"他一定惨绝人寰，不是每个人都能做得出来。"他带了一把小刀，杀死了一个大惊失色的人。这真不是每个人都能做出来的！

"像牧羊人驱赶着羊群一样，肚子也驱使着人们去做最黑暗的罪行。可能我再也看不到太阳升起了，不过我不在乎。最可怕的事情就是饥饿的痛苦。我已经受够这种痛苦的煎熬了。最后的苦恼将是接受他们的审判。犯了罪当然要付出代价，不过死亡总比挨饿好。如果我饿死了，没有人会注意到我。可是，现在有多少人在注意我！也许有些人还会为我流下同情的泪水。我已经下定决心了，我必须要干这件事！没有一个人曾经像我在今天晚上这样彷徨、这样害怕过。"

毕竟，他不是自己所想象的英雄！在审讯时，他说："虽然我没有击中他的要害，但我还是犯了谋杀罪。我知道我注定是要陈尸绞刑架了，遗憾的是，别人穿的衣服都那么漂亮，而我却一辈子都没穿过那样的衣服。"这时，他不再说饥饿是他的动机了，他开始关心起他的衣服来了。"我不知道我到底做了什么事。"他辩解道。罪犯辩解的方式各有不同，但是他们总会来这么一手。有时候，罪犯在作案之前会先喝酒，以此来推卸责任。这些都证明他们应当如何努力才能突破社会感觉的壁垒。在每一个对犯罪生涯的描述中，我相信我都能指出我所说过的这些要点。

现在，我们要面对真正的问题了，我们应该怎么办？如果我的说法是正确的，在每个犯罪案件中，我们都能够看到缺乏社会兴趣而又没有学会合作之道的人，他们在追求着虚假的个人优越感，那么我们又该怎么办呢？对待罪犯就像对待神经病患者一样，除非我们能够赢得他们的合作，只有这样才能获得成功，否则我们只能是一筹莫展。然而，我却不能过分强调这一点。假如我们能够让罪犯对人类的幸福产生兴趣，假如我们能够让他们对其他人感兴趣，假如我们能够教会他们用合作之道来解决生活问题，那么就不会有任何问题了。如果我们做不到这些，我们就什么事也办不成。这项工作并不像它看上去那么简单。我们不能通过让他做一些简单的事情来争取他，当然我们更不能让他去做他做不了的事情。我们也不能指出他的错误，并与他发生争辩。因为他的意志非常坚定，他用这种方式看待这个世界已经有许多年了。如果我们要改变他，就必须找出他行为模式的根基。我们必须发现他的失败是从什么地方最先开始的，以及造成这种失败的环境是怎样的。他人格的主要表现在四五岁的时候就已经决定了，他在犯罪生涯中表现出来的对自己和对世界估计的错误，也是在这个时候形成的，我们必须进行了解和纠正的，正是这些最原始的错误。因此，我们必须找出他这种态度最初的发展历程。

以后，他会把他经历过的每一件事都用自己的态度来解释，如果他的经历和他的态度不是十分符合，他会沉思、回味，直至其形状面目全非。假如有个人有这样的态度："全世界的人都在侮辱我，亏待我。"他就能够找到许多让他信心更为坚定的证据。他会拼命地搜寻这一类证据，但对另一方面的证据却视而不见。罪犯只对他自身以及他自己的观点感兴趣，他有自己观看和倾听的方式，我们经常可以看到，对于与自己生活解释不一致的事物，他一概都不会去注意。因此，除非我们能获知他的各种解释背后隐藏的意义，以及他各种观点的成因，并且发现他的态度最初开始时的表现方式，做不到这些，我们就无法劝服他。

这就是严厉的刑罚总是无法产生效果的原因之一。罪犯会将刑罚视为是社会充满敌意以及自己不可能与之合作的证据。这一类事情最早可能源于他在学校的遭遇，他会因此而拒绝合作，结果不是成绩每况愈下，就是在班上不停地捣乱。然后，他会再次受到责备和惩罚。可是这样就能鼓励他与别人合作吗？不会的，他会对这个情境感到更加失望，觉得大家都在与他作对。有什么人会对一个经常受到责备和惩罚的人感兴趣呢？在这种情况下，孩子信心全失，对学校、老师、同学也不再感兴趣。他开始逃学，四处游荡，寻求隐匿之所，以免被发现。在这些场所，他会找到一些和他有同样经历，又走上了同样道路的孩子。他们了解他，不但不指责他，反而恭维他，令他重燃野心，令他把希望寄托在生活中无用的一面上。当然，因为他对社会的生活要求不感兴趣，他会把这些人当成自己的朋友，并把一般的社会当作自己的敌人。这帮人很喜欢他，他在和他们相处时也会觉得很自在。就这样，许多的孩子加入了犯罪集团，假如在以后的生活中，我们也能够以同样的方式来对待他们,他们就会把它当作新的证据,认为我们都是他们的敌人——只有罪犯才是他们的朋友。

这种孩子完全不应该被生活的考验所击垮。我们也不应该让他们丧失希望。假如我们在学校中能够培养孩子的自信和勇气,我们很容易就能防止这种情况的出现。我们将在后面对这种主张进行更详尽的讨论,现在我们只用这个例子来说明罪犯是如何一贯地把惩罚理解或是解释成社会与他作对的象征的。

严刑峻法无法产生效果还有其他方面的原因。有很多罪犯并不十分珍爱自己的生命,他们之中有些人在生命中的某些时刻几乎一直徘徊在自杀的边缘。严刑峻法根本吓阻不了他们。他们沉迷在想要击败警察的欲望中,一心一意想要证明警察对他们是无可奈何的。他们把很多事物都当作是对自己的挑战,这也是他们面对这些挑战时的反应之一。如果狱警严格苛刻,如果他们受到克薄的待遇,他们必然就会拼死抵抗且抵抗到底。这样做只会增强他们想要跟警察一较高低的决心。对每一件事,他们都是依照这种方式来解释的。他们把自己和社会的接触当成是一种连续不断的战争,并竭力想在这场战争中获得胜利;假如我们也抱着同样的看法,那就正中其下怀。即便是电椅,也可以成为这一类的挑战。罪犯们好像以为自己是在赌博,赌注愈高,他们想要表现自己技艺超群的欲望便愈强。有许多罪犯之所以犯罪,都是这个原因。被判处极刑的犯人经常会懊悔他们为什么没能逃过警探的耳目:"我要是没丢下那块手帕就好了!"

唯一的补救方法就是,我们要找出罪犯在儿童时期所遭受到的对合作的妨碍。在此,个体心理学为我们在这片黑暗大陆上带来了一丝曙光，我们也因此可以看得比较清楚。到5岁左右，儿童的心灵就会成为一个整体，形成人格的许多线脉都汇聚到了一起。遗传和环境对他的发展也会有一定影响；但我们对于孩子带了些什么到这个世界上来，以及他都遭遇到了哪些经历并不十分关心；我们关注的是他利用它们的方式，他对它们有什么看法，以及他因为它们而达到了什么样的成就。了解这一点是相当重要的，因为我们对遗传的能力或无能其实是一无所知的。我们必须考虑到他所处情境的各种可能性，以及他能够将它们运用到何种程度。

所有的罪犯之所以还存在可以挽救的余地，是他们还可以进行某种程度的合作，但却不足以适应社会生活的要求。应该对此负有最大责任的是他的母亲。她必须要知道应该如何扩大这种兴趣，如何扩散孩子对她的兴趣，直到这种兴趣从母亲身上扩散到别人的身上。母亲必须以身作则，让孩子对全体人类和自己未来的生活感兴趣。但是，也许这位母亲并不愿意让自己的孩子对其他任何人感兴趣，可能她的婚姻不是很美满，夫妻俩正考虑离婚，或他们彼此妒忌对方等，因此她可能希望自己能完全占有这个孩子，她宠爱他，骄纵他，不愿意让他脱离自己而独立。在这种情况下，孩子合作能力的发展自然就会受到限制。

发展对别的儿童的兴趣和对社会的兴趣也是非常重要的。有时候，一个孩子若是成了妈妈的心肝宝贝，别的孩子就不太愿意和他交朋友。当他对这种情况产生误解时，就很容易成为这个孩子犯罪生涯的起点。假如家里有个杰出的天才，那么他身边的孩子就经常会成为问题儿童。例如，次子长得非常讨人喜爱，长子就会觉得自己光彩尽失。这样的孩子很容易用自己遭受忽视的感觉来欺骗自己、沉迷自己。他会到处寻找证据来证明自己观点的正确。他的行为开始反常，他因此受到严厉的管束，结果他更加相信自己被放在了冷板凳上。由于他觉得自己受到了别人的压迫，他就会开始偷窃；一旦被发现，他又会饱受惩处，这样一来，没有人喜欢他以及人人都在与他为敌的证据便愈来愈多了。

当父母在子女面前抱怨生活艰难、世道险恶时，也会妨碍孩子发展对社会的兴趣。假如父母老是指责亲戚或邻居，老是批评别人并表示出对别人的恶意和偏见，也会对孩子产生同样的妨碍。毫无疑问，等孩子们长大以后，对其同胞的为人就会产生出歪曲的看法，如果他们因此反过来反对自己的父母，我们也不必感到惊讶。一旦对社会的兴趣受到阻碍，剩下的就只有自私的态度了。这种孩子会觉得："我为什么要替别人效力？"而且，当他无法用这种态度解决生活的问题时，他就会犹疑不决，并寻找能使自己下台的脱罪之辞。他会认为和生活搏斗是一件相当艰难的事情，假如他伤害了别人，他也毫不在意——既然这是一场战争，那么使出什么手段都是无可厚非的！

从下面的几个例子中，你可以追溯出罪犯的发展模式。在一个家庭里，弟弟是问题儿童，据我们所知，他的身体十分健康，也没有遗传性的缺陷。而哥哥则是家里的宠儿，弟弟始终像是在参加一项比赛、非要打败自己的对手一样，时时都想赶上哥哥的成就。他的社会兴趣完全没有发展出来，他对母亲也非常依赖，而且他还尽可能地向母亲索取每一样东西。在和哥哥竞争时，他感到非常棘手，哥哥在学校里总是名列前茅，而自己却是班上的最后几名。他想要统驭别人的欲望是非常明显的，他在家总是对一位老女仆发号施令，让她忙得团团转，并且像训练士兵一样训练她。这位女仆很喜欢他，在他20岁时，她仍然让他过着扮演将军的瘾。他一直对自己必须要完成的工作心怀忧虑，同时也总是一事无成。当他经济困难时，就会向母亲开口要钱，虽然难免受到批评和指责，不过最后还是能如愿。他突然结婚了，困难也随之增加。可是，他所关心的只是赶在哥哥之前结婚，并将其视为他对哥哥的一大胜利。由此可见，他对自己的估计实在是太低了——他只想在这类微不足道的小事上占上风。因为他根本没有做好结婚的准备，所以夫妻俩婚后时常吵架。当他的母亲不能像以往一样地资助他时，他订购了一架钢琴，转售掉后，又付不出货款，结果吃了官司，锒铛入狱。在这段历史中，我们在他的童年时代找到了他日后所有行径的基础。他在哥哥的阴影下长大，就像一株小树被大树夺尽阳光一般。他聚集了各种印象，认为与出尽风头的哥哥相比，自己受了太多的轻侮和忽视。

我要举的另一个例子，是一个野心勃勃而又非常受父母宠爱的女孩子。她对自己的妹妹有一种深深的妒忌，不论是在家里，还是在学校里，她的敌意都会非常明显地表露出来。她一直很注意搜集妹妹受偏爱的证据，例如得到较多的零花钱和糖果等。有一天，她偷了同学的钱，被发现了，并且受到了处罚。幸好，我有了一个向她解释这一切的前因后果的机会，她也因此最终摆脱了自己无法和妹妹一较短长的观点。同时，我也向她的家人解释这一情况，他们同意避免再给她造成妹妹更受偏爱的印象，以消除她的敌意。这是20年前的事了，现在这个女孩已经结婚生子，成为一位很有声望的妇女。从那以后，她在生活中再也没有犯过重大的错误。

我们已经考虑过各种对于儿童发展特别危险的情境,现在,我很愿意对它们做一个总结。之所以要强调它们,是因为如果个体心理学的这些发现是正确的,那我们就必须先认清这些情境对罪犯的观念会造成哪些影响,只有这样才能真正帮他参与合作活动。容易遭遇特殊困难的三类儿童,一是身体有缺陷的儿童,二是被宠坏的儿童,三是受到忽视的儿童。身体有缺陷的儿童觉得自己被自然剥夺了天赋的权利,除非他们对别人的兴趣得到了特殊的训练,否则他们就总是比平常人更关心自己,而且他们也一直在寻找统驭别人的机会。我曾经看过一个个案,一个男孩因为追求女孩被拒而觉得自己受到了侮辱,竟然唆使一个年纪比他小而且还比他笨的男孩去刺杀女孩。被宠坏的男孩心里总是牵挂着宠爱他们的母亲,所以无法把兴趣扩展到世界的其他部分。没有哪个孩子是完全被弃置不顾的,如果这样的话,他必定连婴儿期的第一个月都无法度过。但是,在孤儿、私生子、弃婴、丑陋的儿童和残疾儿童之中,我们发现了许多受到了忽视的儿童。因此,罪犯又可以分成两种主要的类型——丑陋而被轻视、英俊而被宠坏,其中的原因也是不难理解的。

我曾经想在自己接触过的罪犯中,以及在报章书籍对罪犯的描述中,找到罪犯的人格结构。我发现,个体心理学的主要概念,能够让我们对此有所了解。下面,我要从费尔巴哈(Luduig Feuerbach)所著的一本古老的德国书中选几个例子,来作更进一步的说明。在这些故事中,我们可以看到犯罪心理学的最佳描述。

(一)康拉德(Conrad K.)的个案。他和一个工人合谋,杀死了自己的父亲。他的父亲一向轻视这个孩子，对他残暴不仁，并把家里搞得鸡犬不宁。有一次，这个孩子还手打他，他就把孩子带上法庭。法官对孩子说道："你的父亲太恶劣了，实在是没办法！"请注意，这位法官的话已经种下了祸因。这个家庭用尽各种方法，想要改变父亲的劣根性，但毫无成效。后来，又发生了一件令他们感到更为失望的事情。这个父亲把一个声名狼藉的女人带回来同居了，并且把儿子逐出了家门。这个孩子结识了一个工人，这个工人对孩子的处境极为同情，并劝这个孩子杀掉自己的父亲，永绝后患。这个孩子因为母亲的缘故一直犹豫不决，但是家里的情况却是江河日下，一天不如一天。经过长期的考虑之后，他最终同意了，在这个工人的帮助下，他杀死了自己的父亲。在此，我们看到，这个孩子甚至不能将自己的社会兴趣扩展到父亲身上。他仍然依恋着母亲，并且非常尊敬她。在他毁灭掉自身残余的社会感觉之前，他必须先找出脱身之词来减轻自己的罪状。当他从这个工人那里获得支持后，凭着一股怒气，他下定了犯罪的决心。

（二）玛格丽特·史文齐格（Margaret Zwanziger）的个案。她的外号是"毒药女死神"。她从小在孤儿院长大，外表瘦小丑陋，就像个体心理学所说的那样，她急于吸引别人的注意，但是却饱受冷眼。在经过多次令她心灰意冷的尝试之后，她三次试图毒死别的女人，希望因此而占有她们的丈夫。她觉得是她们夺走了自己的情人，除了毒死她们外，她想不出其他的方法来夺回自己的情人。她假装怀孕，企图自杀，想获取这些男人的关怀。在她的自传中（许多罪犯都以撰写自传为乐），她写道："我每次做了恶事以后，都会这样想：'没有人曾为我悲哀过，我为什么要对他们的不幸感到悲哀呢？'"她也不知道自己为什么会这样想。这可以作为个体心理学研究潜意识观点的素材。

在这些文字中，我们可以看出她如何教唆自己去犯罪，并为自己找出各种借口。当我提出合作、培养对别人的兴趣这些主张时，总会听到这样的说法："可是别人对我并没有兴趣呀！"我的回答是："反正一定要有人先开头的。如果别人不肯合作，那就不是你的错。我的看法是由你先开头，不管别人是合作还是不合作！"

（三）N. L.，家里的长子，因为幼年丧父，所以欠缺教养，而且有一只脚还拐了。作为长兄，他肩负着管理弟弟们的职责。这种关系也是一种优越感目标，乍一看，它似乎是属于有用的一面。然而，它也可能成为一种骄傲和炫耀的欲望。此后，他将母亲赶出家门去行乞，并且骂道："滚你的蛋吧！老狗！"我们真为这个孩子感到悲哀，他甚至对自己的母亲都不感兴趣了。如果我们从他的孩提时代开始了解他，就能知道他是如何走向犯罪道路的。他失业了很长一段时间，没有钱，又染上了性病。有一天，在回家的途中，他因为想强占弟弟的微薄收入而与弟弟发生了争执，然后杀死了他。在此我们看出了他合作的极限——失业，没有钱，还有性病。每个人都会有这样的限度，超出了这个限度，他就觉得难以为继了。

（四）一个原本是孤儿的孩子被他的养母收养了，养母对他的娇宠到了令人难以置信的地步。他因此成了一个被宠坏的孩子。他热衷于竞争，总想着高人一等并给人留下深刻印象。他的养母鼓励他这样做，并且爱上了他。结果他变成了骗子和诈骗犯，开始不择手段地骗钱。他的养父母是贵族的后代，所以他也装出贵族的派头，在花光了养父母的钱之后，他将养父母从原本属于他们的房子里赶了出去。不良的教养和过分地骄纵使他不务正业，他认为克服生活困难的唯一途径就是撒谎和欺骗。这让每个人都成了他想要欺骗的对象。他的养母宁可爱他，也不要自己的丈夫和儿子。这种待遇让他觉得自己有获取每样东西的权利。但是，他认为自己无法通过正当的途径来获得成功，这又显示出他过于低估自己能力的一面。

我们已经指出，任何孩子都不应该受到这种令人气馁，而且对合作毫无裨益的自卑感的伤害。在面对生活问题时，没有哪个人是注定要被击败的。罪犯全都采用了错误的方法，我们必须要向他指出他到底错在什么地方，为什么会犯这种错误，同时我们还要鼓励他对别人产生兴趣并与别人合作。如果大家都能认识到犯罪是懦弱的表现，而不是勇敢的行为，那么我相信，罪犯也就无法为自己的行为自圆其说，而且也没有小孩子再愿意在未来走上犯罪的道路。在所有罪犯的个案中，不管对它们的描述是否正确，我们都能看到儿童时期错误的生活样式对日后的影响，这种样式都表现出缺乏合作能力的特点。我相信合作的能力是可以通过训练来获得的，它与遗传没有丝毫的关系。当然，合作的潜能是天生的，但是每个人都拥有这种潜能，要想激发它，就必须加以训练和练习。在我看来，关于犯罪的其他观点都是多余的，除非我们能够造就精通合作之道而且还是罪犯的人。我从来没有遇见过这种人，我也从未听说有人曾经遇见过这种人。防范犯罪的最佳方法就是适当程度的合作。只要这一点还没有被认清，我们就无法期望能够避免犯罪悲剧的发生。教孩子合作就像教他们地理课一样，因为它是一种真理，真理必然是可以传授的。不管是成人还是儿童，假如他没有经过充分的准备就去参加地理科目的考试，他就必然会遭到失败。同样地，不管是成人还是儿童，假如没有充分的准备，就到一个需要合作的情境去接受考验，那么他也必然会一败涂地。

要想解决我们面临的各种问题都是需要合作的。我们对于犯罪问题的科学探讨已经接近尾声，现在我们必须要鼓起勇气来面对事实。人类已经在地球上生存了千万年，但仍然找不出应对这个问题的正确方法。曾经被使用过的那些方法似乎没有效果，而犯罪仍然不断地在我们身边发生。经过研究，我认为这种现象的原因是我们从未采取适当的措施来改变罪犯的生活样式，也没有预防他们养成错误的生活样式。缺少了这个环节，任何预防犯罪的方法都无法起到真正的效果。

让我们重新回顾一下我们的研究过程。我们已经发现，罪犯并不是特殊的人类，和其他人一样，罪犯的行为也是人类行为合理的延伸。这是一个非常重要的结论。假如我们了解犯罪本身并不是一个孤立的事件，而是生活态度的病征；假如我们能够发现这种态度是如何造成的，而不将它视为一个根本解决不了的问题，那么我们就有足够的信心来改变它。我们发现，罪犯的不合作思想与行为一般都会持续很长一段时间，这种思想与行为的根基最早可以追溯到儿童时期——大约四五岁的时候。在这一时期，他对别人兴趣地发展受到了阻碍。我们已经描述过产生这种阻碍与他的母亲、父亲、同伴、周围的社会偏见以及环境的困难等因素之间的关联性。我们发现，在形形色色的罪犯之间，在各种不同的失败者之间，有一个最主要的共同点——缺乏合作精神、缺乏对别人及对人类幸福的兴趣。假如我们想在罪犯身上有所作为，就必须培养他们合作的能力。除此之外，别无他途。要想让罪犯有所改变，我们针对他所做的每一件事都取决于他是否具备合作能力这一要素。

罪犯与其他的失败者还有一点不同之处。虽然他在长期反抗合作之后，像其他人一样失去了在正常的生活工作中获得成功的信心，但是，他依然从事了某些活动，只不过这些活动都被他应用到了生活中消极的一面。他在这些消极的一面表现得非常活跃，甚至还能在这一方面与相同类型的罪犯开展合作。在这一点上，他与那些神经病患者、自杀者、酗酒者是完全不同的。然而，他的活动范围却非常有限，有时他的活动仅限于犯罪。有些罪犯甚至不会犯各种各样不同的罪行，只是一次又一次重复地去犯同一种罪行。这就是他活动的世界，他把自己禁锢在这个狭小的世界里。在这些行为中，我们可以看出他究竟失去了多少勇气。他必定会丧失勇气，因为勇气是合作能力的必须具备的元素。

罪犯日日夜夜地在为犯罪工作所需要的手段和情绪做着各种准备，他白天计划，夜晚则通过做梦来清除残存的社会兴趣。他一直在寻找能减轻自己内心的犯罪感的借口，以及迫使他不得不去犯罪的原因。要击破社会感觉的壁垒并不是一件容易的事情，它具有相当大的抗拒力，但是假如他已经计划好了要犯罪，他总得想出一个办法，也许是回忆他所受过的冤屈，也许是培养愤恨的情绪，以克服这种障碍。这能够帮助我们了解他为什么要不断地寻找对周围环境的解释，他的目的就为了坚定自己的态度。这也能够帮助我们了解为什么我们与他的辩论总是一无所获。他用自己的眼睛看世界，他为自己的论点已经做了一个世纪的准备。除非我们能发现他这种态度是如何出现的，否则我们就无法使他做出改变。然而，我们却具有一项令他无法抗衡的利器，那就是我们对于别人的兴趣，它可以让我们找到真正能够帮助他的方法。

罪犯筹划犯罪，通常都是在身处困境的情况下开始的，他没有勇气通过合作的方式来面对眼前的问题，而是想找一个比较简单的解决方式。这种情况特别容易发生在他需要用钱的时候。与所有的人类一样，他也在追求着自己的安全感和优越感，他也希望去解决困难，克服障碍。然而，他的追求却不被社会所允许：他的目标是一种想象出来的个人优越感，他获得这种目标的方法是设法让自己觉得自己就是警察、法律和社会组织的征服者。破坏法律、逃避警探、逍遥法外——这些都是他跟自己玩的一个把戏。比方说，当他用毒药害人时，他会相信这是自己取得的巨大胜利，而且他会一直这样欺骗自己、麻醉自己。

从上面的叙述中，我们可以看出他的自卑情结。他逃避着劳动的情境，逃避着必须和别人发生联系的生活和工作。他觉得通过自己的能力无法获得正常的成功。他不肯与人合作的习性会增加他的困难，所以大部分的罪犯都是非技术性的劳工。他发展出了一种毫无价值的优越感，以此来隐藏起自己的自卑情结。他一直在想象自己是多么地勇敢，多么地出类拔萃。但是，我们能够将一个逃兵称为英雄吗？罪犯其实只是生活在自己的迷梦中，他根本就不知现实为何物，他必须努力地逃避现实，否则他就只能放弃自己的犯罪生涯。因此，我们就能知道，他一定在想："我是这个世界上最强大的人，哪个人看不顺眼，我就可以打死他！"或者："我比任何人都聪明，因为我干了坏事之后仍然能够逍遥法外！"

我们已经知道，在生命最初的一年里，心理负担过重的儿童和被宠坏了的孩子在日后是如何走上犯罪道路的。身体有缺陷的儿童需要特别的照顾，这样才能把他们的兴趣引导到别人身上。被忽视的儿童，不受欢迎、不被欣赏或讨人厌的儿童也都处于类似的情境，他们没有与别人合作的经验，也不知道合作可以让他们得到别人的喜欢，赢得别人的情感，同时还能解决自己的问题。从来没有人告诉那些被宠坏的孩子：要凭自己的力量来获取东西。他们认为，只要自己开口，这个世界就会满足他的所有需要。假如别人不能满足他予取予求的要求，他就觉得别人待他不公，从而拒绝合作。在每个罪犯的背后，我们都能追溯出诸如此类的历史。他们未曾受过合作的训练，也不具备合作的能力，当他们遇到问题的时候，不知道如何是好。因此，我们知道自己该做的事情就是把合作之道教给他们。

我们已经有了充分的知识，而且到目前为止，我们也有了足够的经验。我确信个体心理学已经告诉我们应当如何改变每一个罪犯。但是，请想想看，如果针对每一个罪犯开展一对一矫治，以改变其生活样式的话，将是一件多么艰巨的工作！很不幸的是，在我们的文化中，大部分人在他们的困难超过某种限度之后，合作的能力便荡然无存。结果在经济萧条的时代，犯罪案件也随之大量增加。我相信，假如我们要用这种方式来消灭犯罪的话，我们就必须矫治大部分的人类种族。我敢断言，我们不可能立竿见影地把每一个罪犯或潜在的罪犯都改造成循规蹈矩的人。

但是，我们还有很多事情可以做。即使我们无法改变每一个罪犯，我们也可以采取某些措施，来减轻那些力量不足以应付生活问题的人的负担。例如失业、缺乏职业训练等问题，我们可以设法让每个愿意工作的人都能够获得一个职业。这是降低社会生活的要求，使大部分人类不至于丧失最后的合作能力的唯一办法。毋庸置疑，如果能做到这一点，犯罪案件就必然会减少。我不知道在我们这个时代是否真的能够使人们不再受经济问题的困扰，但是我们却应该朝着这个方向努力前进。我们还应该给孩子提供较好的职业训练，以便让他们能够比较妥善地面对生活，并拥有较大的活动空间。在这一方面，我们已经取得了相当的成绩，我们该做的，就是继续加强这样的努力。虽然我不相信我们能够为每一个罪犯提供一对一的矫治，但却可以通过集体矫治来帮助他们。例如，我们可以和许多罪犯一起讨论社会问题，正如我们在这里讨论这些问题一样。我们可以提出一些问题让他们来回答，我们应该打开他们的心灵之窗，使他们从迷梦中觉醒；我们应该让他们摆脱自己对世界的偏见，帮助他们正确评估自己的能力；我们应该引导他们不去限制自身的发展，并消除他们对必须要面临的情境和社会问题的恐惧。我敢断言，在这种集体矫治中，我们一定能够取得巨大的成果。

在我们的社会生活中，我们还应该消除让罪犯或穷人视为挑战的每一种事物。如果社会上贫富悬殊，贫穷的人必然会愤恨不平、以身试法。因此，我们应该铲除奢靡浮华的风气，不应该让少数人坐拥巨富，过那种一掷千金的生活。在矫治落后儿童和问题儿童时，我们发现，用考验他们力量的方式来向他们挑战是完全没有用的。因为当他们以为自己是在与环境作战时，他们就会坚持自己的态度而不肯妥协。罪犯也是如此。在这个世界上，我们可以看到，警察、法官，甚至是我们制定的法律，都是在向罪犯挑战，这引起了他们的愤恨。威吓也是没有用的，假如我们冷静一点，不提罪犯的姓名，也不公布他们的事迹，那么情况可能会好得多。这种态度已经到了需要改变的时候了。我们不能再抱着那种只要采取严厉制裁或柔和政策就能够改变罪犯的想法了，因为他只有在清楚地了解了自己的处境时，才会发生改变。当然，我们必须宅心仁厚，不要以为严刑峻法就能吓住他们。前面说过，严刑峻法只会增加这场竞赛的刺激性，即使罪犯坐上电椅，他们也只会因为自己行事不慎而觉得遗憾。

如果我们再努力一些，找出应该对犯罪负责的人，这对我们的工作必然有更大的帮助。据我所知，至少有40%以上的罪犯逃过了警探的耳目，这一事实无疑会助长他们的气焰。犯了罪却没有被发现，这等于让他们丰富了自己的犯罪经验。关于这一点，有一部分工作我们已经做出了改进，而且目前也正朝着正确的方向努力前行。还有一点是很重要的，不管是在监狱里或是在出狱以后，都不要再羞辱犯人或是向他挑战。如果能够找到适当的人选，我们宁可增加监督缓刑犯的官员，不过这些官员一定要对社会问题和合作重要性有一个确切的认识。

通过以上这些方法，我们就可以做好很多事。然而，我们仍然无法令犯罪的数量大为减少。幸好，我们还有另外一个非常实用而且非常成功的方法。假如我们能够训练自己的孩子，使其具有适当的合作能力，假如我们让他们发展出对于别人的兴趣，那么犯罪的数量就一定会大为减少，而其效果也是指日可待的。这些孩子不会轻易地受到别人的利用或是被人煽动，无论在生活中遇到什么样的麻烦或困难，他们对别人的兴趣都不会丧失，与别人合作以及完满地解决生活问题的能力也会比我们这一代人要高出许多。大部分罪犯很早就开始他们的犯罪生涯了——通常是从青春期就开始了，15—28岁的青年，犯罪案件是最多的。因此，我们的努力很快就能见到成效。不仅如此，我敢断言，教养良好的孩子也会影响他们整个的家庭生活。独立、乐观、高瞻远瞩，而且发展良好的儿子是父母最大的安慰和帮手。合作的精神很快就会遍及全世界，而人类整体的社会风气也会提升到一个较高的水准。在我们影响孩子的同时，我们也影响了父母和教师。

　　接下来的唯一的一个问题就是，我们应当如何选择最佳的下手之处，以及用什么方法来训练儿童，让他们能够自己从容面对日后生活和工作的问题。我们要训练所有的父母吗？不是的，这个方案并不能给我们带来多大的希望。父母是很难被我们掌控的，最需要训练的父母往往都是最不愿意和我们见面的父母。我们没有办法去接近他们，所以我们必须另辟蹊径。那么，我们是否应该把所有的儿童都集中起来，看着他们成长，并整日监视着他们呢？这个方案似乎也好不到哪儿去。事实上，我们有一个切实可行，而且还能真正解决问题的方法。我们可以利用教师作为推进社会进步的动力，我们可以训练教师来纠正儿童在家庭中养成的错误，并发展出他们的社会兴趣，使这种兴趣可以扩展到别人的身上，这是学校最自然的发展方向。由于家庭无法教给孩子应付日后生活中所有问题的方法，人类才设立了学校，使其成为家庭的延伸。我们为什么不利用学校来增强人们的社交能力和合作能力，使大家对人类的幸福更感兴趣呢？

简而言之，我们在现代文化中所享受到的各种成果，都是许多人奉献出自己力量的结果。如果一个人不合作，对别人也不感兴趣，而且不想对团体有所贡献，那他们的生活就必然是一片荒芜，在他们死后也不会留下一丝的痕迹。只有奉献过的人，他们的成就才能一直保留下来。他们的精神才会一直持续下去，甚至是万古长存。如果我们在这一基础上去教导儿童，他们自然就会喜欢合作。当面临困难时，他们也不会示弱，因为他们有足够的力量来面对最困难的问题，并且能够用符合众人利益的方式来解决它们。

第十章
职业问题

分工合作是人类幸福的重要保障，不仅保障了人类的安全，也增加了社会所有成员的机会。父母、老师及所有对人类未来进步和发展感兴趣的人，都应当努力让自己的孩子接受更好的训练，从而让他们在进入成年人的生活时，不至于在分工制度中无法占有一席之地。

束缚人类的三条系带构成了人类面临的三个问题，这三个问题是不能被生硬地分开来解决的，要想让任何一个问题得到解决，都仰赖于其他两个问题的顺利解决。第一条系带构成了职业问题。我们居住在这个星球的表面，也只能拥有这个星球出产的资源：土地、矿产、温度和大气。为地球给我们带来的问题寻找答案是人类一直以来的主要工作。即使在今天，我们也不能认为已经找到了十全十美的答案。在每一个时代，人类都会找出拥有某一种水准的答案，但无论如何，人类总要不断追求进步以及更高的成就。

　　我们所拥有的解决职业这一问题的最佳方法，与第二个问题密切相关。束缚人类的第二条系带是：所有人都同属于人类的种族，而且生活在与自身面临的三个问题的联系之中。假如某一个人单独居住在地球上，从未见过自己的同类，那么他的态度和行为与现在必定是迥然不同的。我们必须时时刻刻与别人保持接触与合作，并且对别人有兴趣。解决这一问题的最佳方法是友谊、社会感觉和合作。这一问题的解决对于解决职业问题有着莫大的帮助。

　　由于人类学会了合作，所以我们才会采取分工的方法，分工合作是人类幸福的重要保障。假如每一个人都不愿意合作，也不愿仰赖前人的成果，只想凭着一己之力在地球上谋生，那么人类的生命就必然无法延续下去。通过分工，我们可以利用很多不同种类的训练的结果，并将许多拥有不同能力的人组织在一起，从而使他们对人类共同的幸福都能够有所贡献，这不仅保障了人类的安全，也增加了社会所有成员的机会。当然，我们不能夸口说自己已经达到了尽善尽美的地步，也不能装作分工制度已经发展到巅峰的样子。但是，假如我们想要解决职业问题，我们就必须在人类分工合作的架构中占据一席之地，并且为了别人的利益而奉献出我们自己的力量。

有些人试图逃避这种职业问题，他们不愿意工作，对人类共同的兴趣也抱着一种漠不关心的态度。但是，我们会发现，虽然他们不愿意面对职业问题，其实他们却一直在恳求别人的帮助。他们仰赖别人的劳动为生，自己却对别人没有任何贡献。这就是被宠坏了的孩子典型的生活样式：当他面临问题时，总是要求别人出力帮他解决困难。这些被宠坏了的孩子破坏了人类之间的合作，并且总是把不公平的负担扔给那些热心解决生活问题的人。

束缚人类的第三条系带是：他（她）是世界上仅有的两种性别（男、女）之一，而非第三种性别。他（她）在延续人类生命这件事上所占的地位，有赖于他（她）对异性的接近，以及自己对性别角色的履行。两性之间的关系也因此构成了一个问题，而且它也是不能和另外两个问题分开解决的。要成功地解决爱情和婚姻的问题，一个对人类分工有所贡献的职业是绝不可少的，与其他人保持友善的接触也是很有必要的。依据我们的研究，在我们的时代，最完美的解决这个问题的方法，也是最符合社会要求和分工制度的解决方法，就是一夫一妻制。从个人对这个问题的解决方式中，可以看出他的合作程度。人类生活中的三个问题是永远无法分开的，它们彼此互相交缠，解决了一个问题，就必定有助于另一个问题的解决。因此，我们可以说，它们其实是同一种情境、同一种问题在各个不同层面的反应，这个问题就是：人类必须在自己所处的环境中学会保存生命、拓展生命。

在这里，我们愿意再重述一次：通过尽母亲的天职而对人类生活有所贡献的妇女，她们与其他人一样，在人类的分工制度中占有崇高地位。如果她对子女的生命抱有浓厚的兴趣，并努力使其成为健全的公民，如果她致力于扩展他们的兴趣，并用合作之道来教导他们，那么她对人类的贡献就更是无法估量的。在我们的文化中，母亲的工作价值经常被过分低估，并且被视为是不吸引人也没有地位的工作。作为母亲，她的工作只能获得间接的报酬，而将它作为主要职业的女性通常在经济上也不得不依赖于别人。然而，我们在评判一个家庭是否成功时，母亲的工作和父亲的工作是被放在同等重要的地位来判断的。不管母亲是在家主持家务还是独立出外做事，作为一个母亲，她的工作地位绝不比丈夫低。

母亲是第一个影响子女职业兴趣发展的人。孩子在生命最初的四五年间所接受的训练和努力，对他在成年以后生活中的活动范围有着决定性的影响。每当有人要求我为其提供职业辅导时，我总会问他最初的情形如何，以及他在能记事的第一年时对哪些东西最感兴趣。他对这段期间的记忆展示出了他一直在用什么思想来训练自己，他对这些问题的回答能够显出他的原形以及他的统觉表。对于最初记忆的重要性，以后我还会再谈。

训练的第二步是在学校执行的。我们相信学校现在正在逐渐增加对于儿童未来职业的注意，并训练他们的眼、耳、手等官能的技巧。这种训练与一般学科的教学是同样重要的。然而，我们也不能忘记，一般学科的教学对儿童的职业发展有着不可磨灭的重要性。我们经常听到有人说，他们已经把自己在学校中所学的拉丁文或法文全都忘光了，但是这些科目仍然是应该教授的。综合以往的经验，我们发现，在研读这些科目时，可以让心灵的各种功能都得到受训的机会。有些新式学校特别注意职业训练和工艺训练，这种方式也能增加儿童的经验并提高他们的自信心。

假如孩子从儿童时代起就已经决定他将来要从事哪种职业，那么他的发展就会简单得多了。如果我们问孩子以后想做什么，他们大多会提出一个回答。这种回答肯定不是经过仔细考虑过的，当他们说自己以后要当飞机驾驶员或汽车司机时，他们也不知道自己为什么要选择这个职业。我们的工作就是找出其潜在的动机，进而发现他们努力的方向，推动他们前进的力量，他们的优越感目标，以及他们要使其具体实现的方案等。他们的回答只能让我们了解，在他们的心目中，哪一种职业是最优越的，从这个职业中我们还可以发现帮助他们实现目标的其他机会。

12—14岁的孩子大概会更清楚自己以后要从事什么职业，假如一个孩子到了这个年纪还不知道自己将来想要做什么，那我真要为他感到悲哀了。表面上的缺乏雄心并不意味着他对什么事情都不感兴趣。他可能野心勃勃，但是却没有足够的勇气来说出自己的野心是什么。在这种情况下，我们必须耐着性子来找出他的兴趣所在。有些孩子在16岁结束高中学业时，对自己未来的职业仍然拿不定主意。他们经常是那些品学兼优的学生，但是对以后的生活却一点主意也没有。如果详加注意，我们会发现这些孩子大多野心勃勃，不过却不肯真正与人合作。他们不知道自己在分工制度中应该走哪条路，也无法及时地找到实现自己野心的具体方法。因此，早一点问孩子们希望从事哪种职业是很有好处的。我时常在学校里提出这个问题，并引导着孩子去思考这个问题，以免他们将它忘却。我还问他们为什么要选择这个职业，他们通常都会非常仔细地告诉我。通过孩子们对某种职业的选择，我们可以看出他全部的生活样式。他会告诉我们，自己努力的主要方向是什么，他认为生活中最有价值的东西是什么。我们必须让他选择自己认为最有价值的职业，因为我们也无从判断一种职业是比较高尚还是比较低贱。如果他脚踏实地做好自己的工作，而且也致力于为别人奉献出自己，那么他与其他人一样，都是有用的。他的唯一职责就是训练自己，设法支持自己，并在分工制度的架构中安置好自己的兴趣。

还有一部分人，不管选择哪种职业，他都不会觉得满意。因为他们想要的不是一个职业，而是保证自己优越地位的方法。他们不希望却应付任何的生活问题，因为他们觉得生活根本就不应该向他们提出问题。这些人是那种被宠坏了的孩子，他们只盼望着能够获得别人的帮助。也许有一大部分男人和女人对他们在人生最初四五年间所摸索出来的方向是真正感兴趣的，但是由于经济的因素或是父母的压力，他们却不得不选择另一个方向，去从事一门他们不感兴趣的职业。这件事也能够证明儿童时期训练的重要性。假如我们在一个孩子最初的记忆中发现他对视觉的事物有兴趣,我们便可以推测,他可能适合一个必须要运用眼睛的职业。在职业辅导中,最初记忆是绝对不容忽视的。有些孩子也许会提起某人说话时留给自己的印象,又或是风吹、铃响的声音,我们由此可以知道他是属于听觉型的,而且可能适合从事与音乐有关的职业。在其他的回忆中,我们还会看到与动作有关的印象,这样的人比较偏好运动,他们或许对户外工作或旅行的职业更有兴趣。

人类最常见的一种努力,就是超越家庭中自己的兄弟,与自己的父亲或母亲相比,他们更是前进了一大步。这是一种很有价值的努力,我们也非常乐于看到孩子们"青出于蓝而胜于蓝"。而且,假如一个孩子希望在父亲的职业上超过父亲,父亲的经验就能给他一个很好的开始。一个孩子的父亲如果服务于警界,那么他通常都会有一种成为律师或法官的野心。假如他的父亲受雇于村里的诊所,这个孩子很可能希望自己将来能够成为医生。假如父亲是教师,儿子很可能希望自己成为大学教授。

在观察儿童时,我们经常可以看到他们在为自己从事某种职业和工作进行训练。比方说,有个孩子希望成为教师,我们就能看到他领着一群孩子,在玩学校上课的游戏。孩子们的游戏能够让我们看出他的兴趣所在。希望要成为妈妈的女孩子,会喜欢洋娃娃,并培养自己对婴儿的兴趣。有些人认为,如果我们给她们洋娃娃的话,我们会让她们脱离现实,其实她们是在训练自己认同母亲这一角色,并去从事母亲的工作。她们应该早点开始练习,假如太晚了,她们的兴趣就会因为固定在其他方面而不易变更。有些孩子会对机械或技术表现出浓厚的兴趣，假如他们能达成自己的心愿，也能够成为以后生活中良好职业的基础。

还有些孩子一直都不愿意登上领袖的位置，他们希望找到一个可以跟随的领袖，这个领袖就是愿意收留他做下属的儿童或成年人。这并不是一种良好的倾向，假如我们能降低他这种卑顺倾向的话，我一定会感到非常高兴。如果我们无法消除它，这样的儿童在以后的生活中就不能居于领袖的地位，按照自己的意愿，他们会选择小职员的职位，从事一些每一件事情都已经被别人预先安排好的例行工作。

无意中遇到生病或死亡等问题的儿童，对以下职业会产生有浓厚的兴趣：他们会希望自己成为医生、护士或药剂师。我认为他们的努力是应该受到鼓励的，因为我发现拥有这种兴趣而成为医生的人，都是从很早的时候就开始训练自己，并且非常喜欢自己的职业。有时候，死亡的经验还可以通过另外一种方式来得到补偿。有些孩子可能希望在艺术或文学的创作的过程中求得永生，有些则可能献身于宗教事业。

游手好闲、好吃懒做等逃避就业的错误训练，也是在生命的早期开始的。当我们看到这样的孩子在长大之后的生活中逃避各种困难时，我们必须用科学的方法找出导致这种错误的原因，并用科学的方法予以纠正。假如我们居住在一个四体不勤、五谷不分就能够随心所欲地获得任何东西的星球上，那么懒惰可能就会成为一种美德，而勤劳则为人所不齿。但是，从我们与自己居住的这个星球的关系来看，我们可以得出这样的结论：对职业问题合乎逻辑的解答，与常识符合一致的解答，二者的答案都是一样的——我们必须要工作、合作和奉献。以往，人类一直是凭借直觉认识到这一点的，现在我们则是从科学的角度来认识它的重要性的。

　　从儿童早期便开始的训练，在天才的身上体现得最为明显。我相信，天才的问题能够让我们对这个问题理解得更为透彻。只有对人类的共同福利做出杰出贡献的人，人们才称其为天才。我们无法想象从未对人类做出丝毫贡献的天才到底是什么样子。艺术是全人类精诚合作的结晶，伟大的天才则提高了我们整体的文化水准。荷马（Homer）在他的史诗中只提到了三种色彩，用这三种色彩来描述所有颜色的区别。无疑，人们在那个时代已经注意到了更多的色彩差异，但是这些差异似乎微不足道，因此也没有为它们命名的必要。是谁教给我们如何分辨各种色彩、让我们能够称呼它们的名字呢？我们必须要说，这是画家和艺术家的功劳。作曲家们也将我们听觉的精密性提高到了一个相当的水准。现在，我们之所以能够用和谐的音调来代替原始人的单调声乐，都是音乐家们所赐，他们润泽了我们的心灵，并且教会了我们训练自己的听觉功能。是谁增加了我们心灵的深度，让我们谈吐优雅、思想深邃呢？是诗人。他们润饰了我们的语言，使之更富有文采，并适用于生活中的各种用途。天才是人类之中最善于合作的人，这应该是没有什么问题的。从他们行为和态度的某些方面，我们或许无法看出他的合作能力，但是我们却能从他们的生命历程中体会到他们有多么善于合作。也许他们并不像其他人那么容易开展合作。他们的道路崎岖难行，有诸多险阻。他们的合作经常是从带有某种重大缺陷的器官作为起始的。几乎所有杰出者的身上，都能找到到某种器官上的缺陷，因此我们能够得到这样一种印象——他们生命之初便命运多舛，可是他们却挣扎着克服了各种困难。我们尤其能够注意到，他们很早就将自己的兴趣固定在了某个领域，他们从儿童时期开始就进行着刻苦的训练。他们磨炼着自己的理性，使自己能够接触并了解世界上的各种问题。从这种早期的训练中，我们可以断言，他们的成就和天才是由自己创造出来的，而非遗传或上苍的赐予。他们努力奋斗，使得后世都能够享受余荫。

早年的努力是晚年获得成功的最佳基础。假如我们让一个三四岁的小女孩儿单独游玩，她开始为自己的洋娃娃缝制一顶帽子。当我们看到她正在工作时，就赞扬她几句，并告诉她怎样可以把它缝得更好。她受到激励，就会更加努力地改进自己的技艺。但是，如果我们喊道："快把针放下来！你要刺到自己的手了，你根本不需要自己做帽子，我们出去买一顶更漂亮的！"她会马上放弃自己的努力。假如我们在以后的生活中对这两种女孩子进行比较，我们就会发现，第一个女孩子已经发展出了自己对艺术的爱好，而第二个却不知道自己能够做什么事情，她会这样认为，买来的东西一定比她自己做得好。

如果在家庭生活中过于强调金钱的价值，孩子们就只会凭着收入的多寡来看待职业问题。这是一个很大的错误，因为这样的孩子并不是遵循着能够为人类做出贡献的某种兴趣发展的。虽然每个人都应该谋求自己的生活，而且忽略了这一点的人也确实会让自己成为别人的负担，但是只对赚钱感兴趣的人必定会背弃合作之道。假如"赚钱"是他唯一目标，而其社会兴趣又付之阙如，那么他就会觉得，用抢劫或欺诈的手段来获得钱财也不是不可以。即使情况不是这么极端，尽管他赚钱的目标中包含着少量的社会兴趣，尽管他已经腰缠万贯，他的所做所为也对别人没有丝毫的益处。在我们这个光怪陆离的时代，致富之道何止万千，即使是旁门左道，有时候也会为别人带来巨大的财富。对此，我们不必感到惊讶。虽然我们不敢保证那些刚正不阿、有所不为的人一定能够成功，但我们却敢断言，他必能让自己的勇气保持不坠，而且不会失去自尊。

　　职业有时候可以用来作为逃避爱情和社会问题的借口。在我们的社会中，经常会有很多人把工作忙碌当作逃避爱情和婚姻的借口。一个狂热地献身于事业的男人可能会想："我没有可以用在婚姻上的时间，因此我也不应对它的不美满担负什么责任。"神经病人对爱情和社会这两个问题更是想方设法地逃避。他们不是回避异性，就是用错误的方法来接近异性。他们没有朋友，对别人也不感兴趣。他们只是夜以继日地忙着自己的事业，不仅白天忙，就连晚上做梦时都在忙。他们让自己长期处于一种紧张的状态，结果诸如胃溃疡一类的神经病就出现了。现在，他们更可以把胃病当作自己逃避爱情和社会问题的借口了。还有些人总是喜欢改变自己的职业，他们一直觉得自己能够找到更合适的工作，他们犹豫不定，结果却一事无成。

　　对于问题儿童，我们首先要做的就是找到他们的主要兴趣。从这一点入手，比从整体上鼓励他们要容易得多。如果是还没有找到合适职业的年轻人，或是在职业上失败的中年人，我们应该找到他们真正的兴趣，一方面利用这种兴趣对他们进行职业上的辅导，一面帮他们寻找就业的机会。这并不是一件很容易的事情。在我们这个时代，失业问题已经变得相当严重。如果处于一个每个人都致力于合作的时代，那么这种现象是不会存在的。因此，我相信每一个了解合作之道的重要性的人，都应该努力地消除失业现象，让每个愿意工作的人都有工作可做。我们可以通过增设职业学校、技术学校，以及加强成人教育等方法来帮助推行这项事业。有许多失业者都是没有一技之长的人，他们中间的一些人也许对社会生活从来都没有产生过兴趣。社会上有很多不学无术以及对公共利益不感兴趣的人，这是人类的沉重负担。这些人总是觉得自己不如别人，所以我们也就不难理解，为什么罪犯、神经病患者和自杀者大多都是知识程度较低的人。由于他们缺乏训练，他们总是落后于别人。父母、老师及所有对人类未来进步和发展感兴趣的人，都应当努力让自己的孩子接受更好的训练，从而让他们在进入成年人的生活时，不至于在分工制度中无法占有一席之地。

第十一章
个体与社会群体

> 如果一个人能够成为所有人的朋友,并以美满的婚姻和有价值的工作来做出自己的贡献,他就不会觉得自己不如别人,或是被别人击败了。他会觉得这是一个友善的世界,无论在哪里,他都能够泰然处之,他会遇到自己喜欢的人,应付困难时也能够游刃有余。

人类最古老的努力之一,就是与自己的同类缔结友谊。我们的种族正是由于我们对自己的同类有兴趣才日渐进步的。在家庭组织中,对别人的兴趣是不可或缺的;当我们向前追溯自己的历史时,不管在哪一个时代,都可以发现人类在家庭中团结一致的倾向。原始部落用图腾符号将人们团结在一起,这种图腾符号的目的是让人们与自己的同胞团结合作。最简单、最原始的宗教就是图腾崇拜。一个部落可能崇拜蜥蜴,另一个可能崇拜水牛或蛇。崇拜同一个图腾的人会居住在一起,互相合作且情同手足。这些原始习惯是人类让合作固定化的重要步骤之一。在原始宗教的祭祀日,每一个崇拜蜥蜴的人都会与自己的同伴聚集在一起,讨论农作物的收获问题,讨论如何保护同一部落的人免遭到天灾人祸、洪水猛兽的侵害。这就是祭祀的意义。

　　婚姻通常被认为是一件涉及团体利益的事情。每一个崇拜相同图腾的人都必须遵照社会的规定,在自己的团体外寻找配偶。我们应该认识到,婚姻并不是个人的事情,而是全人类在心灵和精神上都必须参与的共同事务。结婚以后,夫妻双方就必须同时肩负起某种责任,这是全社会对他们的期待。社会希望他们能够生下健全的子女,并以合作的精神将之抚育成人。因此,在每一桩婚姻中,每个人都应当乐于合作。原始社会用图腾和复杂的制度来控制婚姻的方法，在今天看来也许是很可笑的，但是它们在当时的重要性却不言而喻。它们真正的目的就增进人类之间的合作。

基督教里最重要的教诲之一是"爱你的邻居"。在此，我们还能看到另一种想要使人类增加对同类兴趣的努力。有趣的是，从科学的立场，我们今天依然能够证实这种努力的价值。那些被宠坏的孩子也许会问我们："为什么应该去爱我的邻居呢？他们为什么不先来爱我？"这句话表明他缺乏对于合作的训练以及他的自私自利。在生活中会遭遇重大困难，并做出损人利己的事情的人，就是对自己的同胞不感兴趣的人。人类之中所有的失败者都是从这样的人里面孕育出来的。各种不同的宗教都以自己的方式鼓吹合作。站在我的角度来看，任何人的努力，只要是以合作为最高目标，我都会持完全赞同的态度。争执、批评和贬抑对方都是没有必要的。我们还不知道什么才是绝对的真理，因此通向合作的最终目标也有很多种不同的途径。

我们知道，世界上存在着许多种不同的政治制度，而且都能够实行下去，但是，如果缺少了合作精神，那不管由谁来执政，都必将一事无成。每一个政治家都必须将人类的进步作为自己最终的目标，而人类的进步则意味着更高程度的合作。我们经常很难判断一件事情，即究竟哪位政治家或哪个政党能够真正将群众带上进步的道路，这是因为每个人都是根据自己的生活样式来进行判断的。但是，如果一个政党能够让自己的党员彼此之间水乳交融，我们就有理由认为这个政党也许能够做得更好一些。同样地，在国家的动向方面，如果当政者的目标是将儿童培育成良好的公民，并增加他们的社会感觉，使他们尊重自己国家的传统，崇敬自己的国家，而且当政者还能根据自己认为的最理想的方式来修订或制定法律，那么我们对他们的努力也不应表示异议。班级的活动也是团体合作的运动，由于其目标也是促进人类的进步，所以在班上应该避免造成偏见。因此，所有的运动的价值都只应该根据一件事来进行判断，即它们能否增加我们对自己同类的兴趣。我们能够发现，有助于增进合作的方法是非常多的。这些方法或许有高下之分，但是只要能够增进合作，我们就不必因为某种方法不是最好的而去攻击它。

我们无法认同的是那种不事耕耘、只问收获、只追求个人利益的人生观。这对于个人和团体的利益都是最大的阻碍。我们只有对自己的同类产生了兴趣，人类的各种能力才可以完全发挥出来。听、说、读、写，都是与别人沟通往来的先决条件。语言本身就是人类的共同创作，也是社会兴趣的产品。了解对方也是人类共同的事情，而不是私人的功能。了解就是知道别人心里的想法，它能够使我们根据共同的意义来与别人发生联系，并受到人类共有的常识的控制。

有些人终日在追求个人的利益和优越感，他们赋予生活一种私人的意义，认为生活应该是为他们而存在的。但是，这是世界上任何一个人都无法同意的看法。我们将会发现，这种人会因此而无法和自己的同类发生联系。当我们看到那些只对自己有兴趣的人时，我们经常能够发现他的脸上带着一种卑鄙或虚无的表情，在罪犯或疯子的脸上，我们也会看到同样的表情。他们不会用自己的眼睛来与别人发生联系，他们每个人都有各自的不同的看法。有时候，这种儿童或成人对自己的同伴甚至带着不屑一顾的轻蔑感，他们将视线移开，顾左右而言他。在许多神经病病征中，都能够看到这种与别人交往上的失败。例如强迫性的脸红、口吃、阳痿、早泄等，都是比较受人注意的例子，它们都是因为对别人缺乏兴趣而造成的。

最高程度的孤立可以用疯狂来代表。如果能够引起他们对别人的兴趣，即便是疯狂的人也不是无药可救的。疯子与别人之间的距离可能比任何其他人都要遥远，或许只有自杀者堪与比拟。因此，对疯子的治疗就成了一种艺术，而且是一种难度相当大的艺术。我们必须设法争取病人的合作，这一点只有具有极大耐心且秉持最仁慈、最友善的态度的人才能够做到。曾经有人哀求我尽力去治疗一位患有早发性痴呆症的女孩子。她得这种病已经有8年的时间了，最近这两年她是在一家收容所里度过的。她整天大叫，到处吐口水，撕扯自己的衣服，并且想要吞下自己的手帕。我们可以看到，她是多么缺乏作为人类的兴趣。她想扮演狗的角色，我们也能够了解她的动机。她觉得自己的母亲待她像狗一样，她的行为也许是在表达这样的意思："我越看你们这些人类，就越希望自己是一条狗！"我连续对她说了8天的话，她却一个字也不回答。我继续跟她说话，30天以后，她才开始用含混不清的语言来回答我。我对她很友善，她也因此受到了鼓励。

即使这种类型的病人受到了鼓励，也产生了勇气，他仍然不知道自己该何去何从，因为他对自己的同伴的抗拒力也是非常强的。当他的勇气恢复到一定程度，却又不希望与人合作时，我们就能够预测出他的行为。他的举止就像问题儿童一样：做出种种恶作剧，打坏任何可以拿到手的东西，攻击自己的监护人。当我第二次与这个女孩子见面时，她动手打了我。我不得不考虑应当如何应付这样的局面。唯一能够出乎她意料的反应，就是对她置之不理。你可以想象出这个女孩儿的外形——她并不是一个体格强壮的人。我任由她打我，仍然保持着一副很和善的样子。她觉得非常意外，因此敌意全消。可是她仍然不知道如何处理自己已经苏醒过来的勇气。因为打破了我的玻璃窗，她的手被玻璃划破了，我不但没有责备她，反而帮她包扎手腕。通常应对这种暴力的方法，诸如监禁或是把她锁在房子里，都是错误的。如果我们要赢得这个女孩子的合作，就必须另寻他途。期望疯子做出像正常人一样的行为，是最大的错误。几乎每个人都会因为疯子不会像平常人一样地做出反应而感到恼怒——不吃不喝、用力撕扯自己的衣服等。让他们随心所欲吧！除此之外，我们没有其他可以帮助他们的方法了。

后来，这个女孩子痊愈了。过了一年之后，她仍然很健康。有一天，当我前往她以前被监禁的收容所时，我在半路遇见了她。"你到哪儿去？"她问我。"跟我一道走吧，"我说，"我要到你住过两年的那家收容所去。"我们一起到了收容所，我找到以前曾经治疗过她的那位医生，请他在我诊治另外一位病人时和她谈谈话。当我回来后，这位医生怒火冲天地说："她确实是完全好了，可是却有一件事情让我非常恼火，她根本就不喜欢我！"此后，我还断断续续与这个女孩子见面长达10年之久。她的健康状况一直非常良好，她自己赚钱谋生，和伙伴们相处融洽，见过她的人怎么也不相信她曾经发过疯。

妄想狂和忧郁症这两种病征能够特别清楚地展现出病人和他人之间的距离。患妄想狂的病人会埋怨所有的人，他认为周围的人全都沆瀣一气，想来陷害他。患忧郁症的病人会自怨自艾，比如他会这样想:"我破坏了自己的家庭。"或是:"钱都被我赔光了,我的孩子一定要挨饿了。"但是,一个人对自己的责备只不过是他的外在表现,其实他是在责怪别人。例如,一位交际广阔、受人尊敬的女士,在遭遇一次意外之后,就再也无法继续参加社会活动了。她的三个女儿都已经结婚成家,因此她觉得非常寂寞。几乎在同一时间,她又失去了陪伴自己的丈夫。她以前是受人尊崇惯了的,她想要找回失去的一切,于是就开始周游欧洲。但是她觉得自己再也无法像以前那样重要了,她在欧洲期间患上了忧郁症。忧郁症对于处在这种环境下的人来说是一种很大的考验。她发电报要她的女儿们来看她,但是她们每个人都有借口,结果一个人也没来。当她回到家以后,她最常说的话就是:"我的女儿们对我都非常好。"她的女儿们让她一个人生活,请一位护士来照顾她,她们隔一段时间才来看看她。我们不能光从表面上来看她说的话。她的话是一种控诉,每一个了解她生活环境的人都知道她这些话其实是一种控诉。忧郁症是长期以来对别人的愤怒和责备的积累,由于想要获得别人的照顾、同情和支持,病人只好为他自己的罪过表现出一副垂头丧气、痛心疾首的样子。忧郁症患者的最初记忆通常都是这样的:"我记得自己要躺到长椅上,但是我的哥哥已经先躺在那里了。我大哭大闹,结果他只好把位置让给我。"

忧郁症患者还有一种倾向:把自杀当作报复的手段。医生第一件要注意的事情,就是不要让他们找到一个自杀的借口。我自己解除忧郁症患者这种紧张情绪的方法,是要他们在治疗过程中遵守一条最重要的规则:"不要做你不喜欢做的任何事。"这似乎是一件微不足道的小事,但是我相信它已经涉及整个问题的基础。如果忧郁症患者能够随心所欲地做任何事情，他还会去控诉谁？他还会做出什么事情来报复别人呢？"你如果想上戏院，"我告诉他，"或是想去度假，那么就去吧！如果你在路上突然发现自己又不想去了，那么就不去好了。"这是任何人都可以做到的最佳情境，能让他对优越感的追求得到满足。他像上帝一样，能够做自己喜欢做的任何事。另一方面，它却很不容易适合他的生活样式。他想要指使别人、控诉别人，假如这些人都同意他的看法，那他就没有必要去指使他人了。这条规则对他来说是一种很大的解脱，在我的病人中也从未发生过自杀事件。当然，我们也知道，如果可以的话，最好还是有一个人来看住这种病人，不过，我的很多病人都没有被紧密跟随过。事实上，只要有人在旁边看着，危险也就不会发生了。

　　有时病人会这样回答："可是我什么事情都不想做！"对于这种回答，我已经胸有成竹，因为我听到它的次数太多了，"那么你就先不要做你想做的事情好了。"我会这样告诉他。然而，有时候，他会说："我喜欢一整天都躺在床上。"我知道，如果我准许他这样做的话，他就不会再想一直躺在床上。我也知道，如果我阻止他，他就必然会坚持到底。因此，我永远同意他的任何决定。

　　这是规则之一。另外还有一种对他们生活样式攻击更为直接的方法。我告诉他们："如果你按照我的话去做，那么两个星期之内，你就能痊愈。记住我的话：你每天都要设法取悦别人！"请注意这件事对他们的意义。原本他们的心里只有一个念头："我要怎样做才能让那个人变得烦恼？"通常他们回答这个问题的答案是相当有趣的。有些人说："对我而言，这是轻而易举的事。我一辈子不就是在做这件事嘛！"其实他们并没有做这种事。我要求他们考虑我说的话，他们却连想都不会想。我告诉他们："当你睡不着觉的时候，你可以利用这段时间想想，你要怎么做才能让某个人高兴起来？这样的话，你的健康一定会有很大的起色。"第二天，当我再见到他们的时候，我问他们："你有没有照着我的话去做？"他们回答道："昨天我一上床就睡着了。"当然，这些对话都是在诚挚、友善的态度下进行的，我一点也没有表示出自己的优越感。还有人会回答道："我做不到。我太烦了。"我告诉他们："烦恼就烦恼吧，没关系的。你只要偶尔想想别人就可以了！"我要他们把自己的兴趣转到别人身上。许多人会说："我为什么要讨好别人？他们都不来讨好我！""你要为自己的健康着想，"我回答道，"不为别人着想的人，以后也会吃亏的。"在我的经验中，马上就回答"我已经照你说的话想过了"，这样的病人是绝无仅有的。我的种种努力都是想要增加病人对社会的兴趣。因为我知道，他们得病的真正原因是缺乏合作精神，我想让他们自己也明白这一点。只要他能够站在平等合作的立场上与自己的同伴发生联系，他很快就能痊愈。

另外一类明显缺乏社会兴趣的例子，是所谓"犯罪性的疏忽"。例如，有一个人把燃烧的火柴扔到了森林里，引起了一场森林大火。又如，在最近的一个案子里，有个工人结束了他一天的工作之后，忘了收拾一条横放在马路上的电缆就回家，结果一辆摩托车撞上了电缆，骑车的人摔死了。在这两个案子里，肇事者都没有害人之心。对于这些不幸，他们在道德上似乎也不必负什么责任。然而，他并未受过替别人着想的训练，他不知道自己应该采取某种预防措施来保障别人的安全。这是因为他缺乏合作的精神。还有很多比较常见的此类现象，如一个衣冠不整的儿童踩到了别人的脚、摔破杯碗、弄坏公共物品，还有就是那些做出种种损人不利己举动的人。

对同伴的兴趣，是在学校和家庭中训练出来的。我们已经谈过哪些事物可能会妨害到孩子的发展。社会感觉或许不是从遗传得来的本能，但是社会感觉的潜能却是从遗传中得来的。能够影响这种潜能发展的因素包括：母亲的技巧、她对孩子的兴趣，以及孩子本人对环境的判断。如果一个人觉得别人对自己充满了敌意，如果他觉得周围到处都是敌人，自己不得不采取防卫手段的话，那么我们也就无法期待他会跟别人成为好朋友，而且他也不会成为别人的好朋友。如果他觉得别人都应该做他的奴仆，他就不会对别人有所贡献，而只是想统驭他们。如果他只关心自己的感觉，只关心自己身体的舒适与否，他就会让自己与社会隔绝起来。

我们已经讲过，为什么要让孩子觉得自己是家庭中平等的一分子，并且要让他们懂得关心家里的其他成员。我们也说过，父亲和母亲彼此之间应该是很好的朋友，对外界也应该保持着良好而亲密的友谊关系。只有这样，他们的孩子才会觉得，在家庭之外也有值得自己信赖的人。我们还提到过，在学校里，应该让孩子觉得自己是班级的一分子，他要与其他同学成为朋友，并建立起可以互相信任的友谊。家庭生活、学校生活，只是为了实现更大目标所做的准备。最终的目标应该是教育孩子成为良好公民，成为全人类中平等的一分子。只有在这种情况下，他才能积蓄勇气，不慌不忙地应对其他问题，并且找到能够增进他人幸福的答案。

如果他能够成为所有人的好朋友，并以美满的婚姻和有价值的工作来做出自己的贡献，他就不会觉得自己不如别人，或是被别人击败了。他会觉得这是一个友善的世界，无论在哪里，他都能够泰然处之，他会遇到自己喜欢的人，应付困难时也能够游刃有余。他会觉得："这个世界是我的世界，我必须积极进取，不能退缩观望。"他非常清楚，现在只不过是人类历史进程中的一个阶段，他只是整个人类历程——过去、现在、未来其间的一部分。他同时也能够感到，这个时代也让他能够完成自己的创造工作，并且对人类的发展做出自己的一份贡献。在这个世界确实存在着许多邪恶、困难、偏见和悲哀，但这是我们自己的世界，它的优点和缺点同时也是我们自己的优点和缺点。这是我们必须要加以改造和增进的世界。我们可以断言：如果每个人都能够通过正确的途径担负起自己的工作，那么他在改进世界的事业中就已经尽到了自己的责任。

担负起自己的工作，意思就是要通过合作的方式来担负起解决生活中三个问题的责任。我们对于一个"人"的所有要求，以及我们能够给予他的最高荣誉，就是他必须成为一个良好的工作者，成为所有人的朋友，成为爱情与婚姻中的真正伴侣。一言以蔽之，他必须证明自己是人类的一个良好的同伴。

第十二章
爱情与婚姻

> 爱情以及作为其结果的婚姻,都是对异性伴侣最为亲密的奉献,它表现在心心相印、身体的吸引以及生儿育女的共同愿望中。爱情和婚姻都是合作的一个方面,这种合作不仅是为了两个人的幸福,而且也是为了全人类的利益。

在德国某一个地方，保留着一种古老的风俗，据说它可以用来试验一对未婚夫妻是否适合在一起过婚姻生活。在结婚典礼之前，新郎和新娘会被带到一片广场上，那里事先已经安置好了一棵被砍倒了的大树。新郎和新娘要用一把两端都有把手的锯子，将这棵大树的躯干锯成两段。通过这个试验，我们可以看出两个人愿意与对方合作到什么程度。如果他们之间无法协调合作，那么两人就将彼此视为对方掣肘，最终一事无成。如果两人其中的一个想要居功，什么事都要自己来，而另一个又甘心让出功劳，那么他们的工作就将事倍功半。两个人必须同时积极进取，而且他们的积极进取还必须紧密地结合在一起。由此可见，这些德国人早就知道合作是婚姻的首要前提了。

如果有人问我爱情和婚姻是什么，我将会给出下列定义，虽然这个定义可能是不完整的："爱情，以及作为其结果的婚姻，都是对异性伴侣最为亲密的奉献，它表现在心心相印、身体的吸引，以及生儿育女的共同愿望中。我们很容易发现，爱情和婚姻都是合作的一个方面，这种合作不仅是为了两个人的幸福，而且也是为了全人类的利益。"

爱情和婚姻是为了人类的利益而合作的。这种观点能够解释这个问题的每一个方面。即使是在人类各种追求中最为重要的肉体的吸引力，对人类的发展也是不可或缺的。我经常说，人类由于体能的限制，所以无法在这个贫瘠的地球上永久地生存下去。因此，保存人类生命最主要的方法，就是通过我们的生殖能力以及对肉体吸引力的不断追求来繁衍后代。

在我们的时代，爱情问题中会遇到各种困难和纷争。结了婚的夫妇面临着这些困难，父母也关心着他们，最后整个社会都牵涉到了他们的难题中。因此，如果我们要为这个问题找出一个正确的结论，我们就必须完全摒弃偏见，客观公正地开展自己的研究。我们必须忘掉自己所学过的事物，在探讨问题时，应该尽自己所能地不要让其他思想干扰这种完全自由的讨论。

我并不是说我们能够把爱情和婚姻的问题当成完全孤立的问题来加以研究。人类是绝对无法只凭个人想象来解决自己的问题的。每一个人都会受到几种固定系带的束缚，他会在一个固定的架构之中发展，然后必须依照这个架构做出各种决定。这些系带之所以会产生，首先是因为我们居住在宇宙中一个特定的地方——地球，而且我们必须要在环境为我们造成的诸多限制下发展。其次，我们生活在自己的同类中间，所以我们必须学会让自己去适应他们。最后，人类有两种不同的性别，种族的延续有赖于这种两性关系。

不难理解，假如一个人关心着他的同伴以及人类的幸福，那么他做每一件事情的时候就都会先考虑同伴的利益，他解决爱情和婚姻问题的方式也不会损害别人的幸福。他不见得能够明确知道自己是在用这样的方式解决问题，如果你问他，他自己可能也无法说得那么清楚，但是他却能够很自然地追求人类的幸福和进步，我们可以在他的各种活动中发现他的这种兴趣。

有许多人对人类的幸福是不太关心的。他们从来不问:"我能为我的同胞做出什么贡献?""我要怎样做才能成为团体中良好的一分子?"他们只会这样问:"生活有什么用?它能给我带来什么好处?我要为它付出多少代价?其他人有没有为我着想?别人是不是欣赏我?"如果一个人应付生活问题时总是抱着这样的态度,那么他也会用这种态度来解决自己的爱情和婚姻问题。他会不断地问道:"它能给我带来什么好处?"

爱情并不像某些心理学家所想象的那样,是一种纯粹自然的事情。性是一种驱动力,一种本能,但是爱情和婚姻却不单单是为了满足性的需要。无论从哪个角度看,我们都可以发现,我们的性本能已经经过发展而变得优雅和高尚。我们已经压抑了自身的某些欲望和倾向。从我们同伴的行为中,我们学会了应该怎样做才不会惹怒对方。我们也学会了怎样穿着,怎样修饰自己。即使处于饥饿的状态,也不会只寻求自然的满足,我们有高雅的口味。饮食时,我们还要顾及各种礼仪。我们的驱动力已经全部适应了我们共同的文化,它们都能够说明一件事:我们已经学会,要为人类的福利和我们的社会生活付出各种各样的努力。

如果我们将这种了解应用于爱情和婚姻的问题上,我们会发现它不可避免地牵涉到了大众的利益、对人类的兴趣等问题。这种兴趣是最基本的兴趣。爱情和婚姻的问题只有在考虑到人类整体利益的前提下才能得到完满的解决,在认清这一事实之前,讨论这个问题的任何方面,例如它的补救、改变或新的婚姻制度等,都是没什么好处的。

也许我们应该改进它,也许我们应该为这个问题找出更完美的解答,但是即便我们能够找到更为完美的答案——这个答案之所以完美,是因为它更周全地考虑到了以下问题:我们生活在地球的表面上,我们必须要和别人发生联系,人类分为男女两种性别。我们的答案只有在考虑到这些情况的前提下,才能让这个答案变成永远屹立不倒的真理。

当我们选择了这个研究方向,我们在爱情问题中的第一个发现就是:它是需要两个人协力合作的工作。对许多人而言,这是一种全新的工作。我们多多少少都曾经学过如何单独工作,也多多少少学过如何与一群人协同工作,但是在一般情况下,我们很少有成双配对工作的经验。因此,这些新情况会造成一种困难,如果这两个人以前对自己的同伴都很感兴趣的话,要解决这种困难就容易得多,因为这样一来,他们彼此之间就很容易对对方产生兴趣。

我们甚至可以说,要完全解决这种两个人合作的问题,每一个配偶都应该做到一点:关心对方,甚于关心自己。这是爱情和婚姻获得成功的唯一基础。我们应该已经能够看出,许多关于婚姻的意见及其改革计划都犯了什么样的错误。如果每一个配偶对伴侣的兴趣都超过了对自己的兴趣,那么他们之间就能实现真正的平等。如果他们都能够真诚地奉献,他们就不会觉得自己低声下气或受人压制。只有男女双方都坚持这样的态度,才有可能出现真正的平等。夫妻双方都应该努力让对方感受到生活的安适和富裕,这样他们才会有安全感。他们会感受到自己的价值,会觉得自己是对方的需要。在此,我们可以看到婚姻的基本保证,以及这种关系中幸福的基本意义。这种感觉让你觉得自己是有价值的，没有人能够代替你，你的配偶需要你，你的行为是正确的，你是一个良好的伴侣，是一个真正的朋友。

在合作的工作中，要让一个伴侣接受自己处于从属地位的现实是不可能的。两个人中如果有一个人想要统治对方，强迫对方服从，他们就无法快乐地生活在一起。在现在这种情况下，有许多男人（其实很多女人也是如此）相信：男人应该扮演领袖的角色，他们要独裁专制，成为一家之主。这是现在有这么多不愉快婚姻的一个重要原因。没有人能够心平气和地屈居卑下地位。伴侣们必须是平等的，人们只有在平等的情况下才能找到克服共同困难的方法。比如说，在平等的情况下，他们能够在生儿育女的问题上达成共识。他们知道，当决定不生育时，他们已经做出了一件能够影响人类未来的事情。或者，他们会在孩子的教育问题上达成共识，当遇到问题时，他们也会尽快设法解决，因为他们知道，受到不愉快的婚姻影响的儿童，在精神上会饱受痛苦，而且不会得到良好的发展。

受现代文化的影响，人们通常都没有做好合作的准备。我们的教育太注重个人的成功，过于强调我们能够从生活中获得什么，而不是我们能够付出什么。我们很容易理解，当两个人以婚姻的亲密关系生活在一起时，在合作和关心他人两方面的任何失败都会导致不幸后果的产生。有很多人都是第一次体验这种密切的关系。他们非常不习惯于去考虑另一个人的利益、目标、欲望、野心和希望。他们甚至还没有为两个人共同生活做好准备。我们不必为自己犯下俯拾皆是的诸多错误感到惊讶，我们应该面对这些事实，并学习如何在未来避免类似的错误发生。

如果没有经过训练，成人生活的危机是很难得到有效解决的，因为我们一直都遵照自己的生活样式做出各种反应。婚姻的准备工作不可能一蹴而就。在一个孩子典型的行为中，在他的态度、思想和动作中，我们都可以看出他如何训练自己，来准备应付成人的情境。他对爱情的态度的主要轮廓早在五六岁时便已经定型了。

　　我们在儿童发展的早期就能够看出，他已经形成了自己对爱情和婚姻的展望。我们千万不要以为他是在表达像成人那样的性兴奋，他只是下定决心要对日常社会生活中的一方面而已，他觉得自己是这种社会生活的一分子。爱情和生活都是他生活环境中的重要因素，它们自然而然地融入了他所理解的未来的概念。他对爱情和婚姻必须达到某种程度的理解，对这些问题也必须坚持某种立场。当儿童很早便显现出对异性的兴趣，并选择自己喜欢的对象时，我们绝不能认为这是错误、胡闹或是性早熟。我们不应该嘲弄它，更不能把它当成一个笑话。我们应该将它当成是儿童迈向爱情和婚姻的一个准备步骤。我们不仅不应该取笑这样的孩子，还应该同意他们的看法，将爱情视为一件奇妙之事，是他们应该准备从事的工作，是全人类都必须要参加的工作。只有这样，我们才能让孩子在心里形成一个理想，让他们在以后的生活中能够以教养良好、肯于热诚奉献的姿态与对方交往。将来我们会发现，孩子们会成为一夫一妻制最忠诚的拥护者，即便他们的父母婚姻并不是十分的和谐，他们也不会受到父母婚姻过多的伤害。

　　我从来都不鼓励父母过早地为孩子解释肉体上的性关系，或是对孩子说太多他们还无法接受的性知识。孩子对婚姻问题的看法是非常重要的，如果教导的方法是错误的，他们就会将它视为一种危险，或是非自己力所能及的事情。依据我的经验,在孩子早年生活中,如五六岁时,便知道了性关系的孩子,以及有性早熟经验的孩子,在日后的生活中,都比较容易受到爱情的伤害。对他们来说,身体的吸引力还代表着某种危险的信号。如果孩子在比较成熟之后才有初次的经验和知识,他就不会感到这么害怕,他在处理男女关系时犯错误的概率也会低得多。帮助孩子的秘诀就是不要撒谎欺骗他,不要逃避他的问题,要了解问题背后隐藏的东西,在向他解释的时候,只解释他希望知道的那部分事情,以及我们确定他能够理解的东西。道听途说、凭空捏造的性知识危害最大。恋爱问题与其他两个问题一样,最好让孩子独立解决,孩子应当凭自己的力量去学习那些想了解的事情。如果他和父母之间能够彼此信赖,他就不会遭受困扰。他会向父母询问自己想知道的事情。我们还有一种迷信,认为孩子会受到朋友的蛊惑而误入歧途。我还没有见过哪个在各方面都很健全的孩子会受到这样的伤害。孩子们并不会听信同学告诉自己的每一件事,他们中间大多数人都具备很强的鉴别能力。如果他们不敢确定自己所听到的事是否属实,他们会问自己的父母或哥哥、姐姐。当然,我也必须承认,我发现孩子在这些事情上要比自己的长辈更为敏感,而且不愿启齿发问。

即使是成年人生活中的肉体吸引力,也是在儿童时代就被训练出来的。孩子们所获得的关于爱怜和吸引的印象,与当时环境中异性给他的印象,这些都是肉体吸引力的发端。男孩从母亲、姐妹或四周的女孩子那里获得了这种印象,等到日后他遇到对自己有肉体吸引力的女性,就会重新唤醒这些印象。有时候,他还会受到艺术作品的影响。每个人都会受到自己的个人审美观念的驱使。因此，从广义上说，个人在以后的生活中已经不再拥有自由选择的权利，他只能依照自己以往受过的训练来选择。这种对于美的追求，其实并不是毫无意义的追求。我们的审美情绪一直都是建立在健康的感觉和人类进步的基础上的。我们所有的功能，我们所有的能力，都是遵循着这个方向才最终形成的，因此我们无法逃避它。我们所认为的美丽的东西，都是看起来似乎能够永垂不朽的东西，是对人类利益和人类未来有用的东西，也是我们希望的子女成长、前进的方向。这种东西就是不断驱使我们前进的美感。

有时候，如果男孩和母亲相处得不好，女孩和父亲不和（当婚姻中的合作不是很和谐时，经常会出现这样的情况），他们就会寻找与父母相反类型的对象。譬如，如果一个男孩的母亲事事都对他吹毛求疵，如果他很软弱，又怕受人压制，他就很可能认为，只有那些看起来不那么盛气凌人的女性才拥有性的吸引力。因此他很容易犯下错误：找对象时，他可能只找那种愿意顺从他的女性，但是这种不平等的婚姻是不可能美满的。有时候，如果他想证明自己强壮有力，他会找一个看起来也很强壮的伴侣，这也许是因为他喜欢强壮的伴侣，也许是因为他觉得对方比较有挑战性，能够证明自己的强壮。如果他与母亲的不和非常严重，他对爱情和婚姻的准备就可能受到阻碍，甚至异性对他的肉体吸引力也会随之降低。这种障碍发展的程度各不相同，最严重的一种障碍就是他会完全排斥异性，从而出现性欲倒错。

如果父母的婚姻非常和谐，孩子对爱情和婚姻的准备就会比较充分。孩子从父母的生活中获得了有关婚姻的早期印象，因此绝大多数生活中的失败者都出自婚姻破裂或不愉快的家庭，这没有什么值得惊讶的。如果连父母都不能很好地合作，自然也就更不可能教给孩子合作了。我们在考虑一个人是否适合结婚时，经常会看他是否曾经在正常的家庭中受过训练，看他对父母、兄弟姐妹的态度如何。最重要的一点，是看他是从何处得到对爱情和婚姻的准备的。当然，我们知道，一个人并不是由他所处的环境决定的，而是由他对环境的估计决定的。他的估计是很有用的。他很可能在跟父母一起生活时经历过非常不愉快的事情，但这也会刺激他设法让自己的家庭生活变得更为美满。他可能很努力地让自己为结婚做好准备。我们不能因为一个人有过不幸的家庭生活，就判定他可能会失败，并进一步拒绝他。

最坏的情况是，一个人只顾着自己的利益。如果他受过这样的训练，他会终日盘算：我能从生活中得到什么样的快乐或兴奋？他会一直要求自由和解脱，从来不考虑要怎样才能让自己的伴侣生活得更轻松，更富裕，这是一种不幸的做法。我把它比作缘木求鱼，它不是罪恶，而是一种错误的方法。因此，在我们为自己对爱情的态度做准备时，不能只图安逸或是只想着逃避责任。爱情中如果掺杂了犹豫和怀疑，爱情便不会坚固。合作需要永恒不变的决心；当这种结合包含了固定不变的决心时，我们才认为它是真正的爱情和幸福的婚姻。这种决心不仅包括生育子女，而且还要教育他们，训练他们学会合作，竭尽全力使他们成为良好公民，成为人类种族中平等负责的一分子。美好的婚姻是我们养育人类未来一代最好的方法，所有的人都要记住这一点。婚姻其实是一项工作，它有自己的规则和法律，我们不能只选用其中一部分，规避其他部分，而又不损害地球上的永恒定律——合作。

如果我们只是将自己的责任限定在五年之内，或是将婚姻当成一种试验，那么就不可能有真正亲密的爱情和奉献。假如男人或女人都这样为自己预留退路的话，他们就不会集中全力来从事这项工作。任何一种严肃而重要的生活或工作，都不能预先为自己安排脱身之计。我们无法为自己创造出一种有限度的爱情。所有千方百计想从婚姻中逃脱的人都走上了一条错误的道路。这种逃脱的企图会损害他们的配偶，使他（她）变得心灰意冷；在失望之余，他（她）也会成全对方脱逃的愿望，而不再履行当初他们决定要一起实现的诺言。我知道，在我们的社会生活中有很多困难，它们妨害了很多人，使这些人无法通过正当途径来解决爱情和婚姻的问题，即使他们有心要解决这一问题，却找不到合适的方法。然而，我们却不能因此而舍弃爱情和婚姻，我们要解决的是社会生活的困难。我们知道甜蜜的爱情关系需要一些特性——真实、忠诚、可靠、不保留、不自私……不难理解，假如一个人整天疑神疑鬼，他又怎能适合与别人结婚呢。假如夫妻双方都决心保留个人的自由，那么真诚的爱情关系就没有可能实现。这不是爱情，因为在爱情关系里，我们并非无拘无束，也不可肆意行动。我们必须接受合作的约束。

下面，就让我举个例子来证明，私人的独断独行不仅对婚姻的成功和人类的幸福无益，而且会对男女双方造成损害。

我记得有这样一个个案，一对离过婚的男女结了婚，他们都是知识程度很高的人，而且都希望第二次婚姻能够比第一次理想。然而，他们并不知道自己第一次婚姻为什么会失败，他们只想寻找补救的方法,却都不明白自己实际上缺乏社会兴趣。他们自命为自由思想者,希望获得不受拘束的婚姻,以免令彼此感到厌烦。因此,他们约好每个人都有完全的行动自由,大家可以做任何自己想做的事情,但彼此要信赖对方,要把自己做过的事情告诉对方。在这方面,丈夫似乎勇敢得多,每次他回家以后,都会把自己许多的风流韵事告诉妻子。她似乎很喜欢听这些话,并深以丈夫的风流倜傥为荣。她一直想仿效他,建立属于自己的爱情关系,但是在行动之前,她患上了公共场所恐惧症。她不敢单独出门,她的神经病让她整天都只能待在家里,当她走出家门时,便觉得浑身不适,不得不退回去。这种恐惧症表面看来似乎是一种避免让她的决心付诸实践的方法,但其实不止如此。由于她不敢单独出们,她的丈夫也只好陪在她的身旁。你能够看出这种婚姻的逻辑是怎样打破他们的决定的。这位丈夫由于要留在妻子身边陪伴她,便再也无法成为自由思想者了。妻子因为害怕单独一个人出门,所以也无法享受她的自由。这位妇女如果想要治愈自己的疾病,就必须先对婚姻有一个比较清楚的了解,她的丈夫也必须将婚姻视为一个合作的工作。

另外,还有些错误在婚姻开始之前就已经造成了。在家里娇生惯养的孩子,结婚以后经常会有一种被忽视了的感觉。他们没能让自己适应社会生活的需要。被宠惯了的孩子结婚后也可能会变成暴君,令他的伴侣觉得备受凌虐,觉得身在牢笼,并想要开始反抗。当两个娇生惯养的人走到一起时,一定会发生许多有趣的事情。两个人都会要求对方关心自己,注意自己,可是两个人却都觉得不满意。接下来就是寻求解脱之道:其中一个人开始和别人勾搭,希望能够获得更多的注意。有些人无法只跟一个人恋爱,他们必须同时跟两个人或更多人坠入情网。只有这样他们才觉得自由,他们觉得自己随时都可以从一个人的身边逃到另一个人的身旁,而且不必担负起爱情的全部责任。但事实上,"脚踏两只船"的实质就是一无所有。

还有些人会在脑海中想象出一种浪漫的、理想的而又绝非世间所有的爱情,他们沉迷在自己的幻想中,而不在现实中寻找自己的伴侣。太高的爱情理想直接导致了他们拒绝与异性恋爱,因为他们总是觉得没有人能够配得上自己。有许多人,尤其是许多女人,由于人格发展上的错误,反而会训练自己去讨厌并排斥自己的性别角色。他们妨害了自身最自然功能的发挥,如果不接受治疗,他们甚至在肉体上都无法完成成功的婚姻。这就是我所说的"对男性的钦羡"。在我们现代的文化中,由于对男性地位的过分高估,最容易造成这种错误。如果孩子们怀疑自己的性别角色,他们便会觉得不安全。只要男性角色被认为占据优势的角色,不管男孩还是女孩,都会自然而然地觉得男性角色是值得钦羡的。他们会怀疑自己是否有足够的能力来扮演这样的角色,会过于强调男性化的重要性,会设法逃避别人对自己男性化程度的检查。在我们的文化中,这种对性别角色不满的情况是非常普遍的。在所有女性性冷淡和男人心理性阳痿的个案中,我们怀疑有"对男性的钦羡"的情况存在。这些个案都是对爱情和婚姻的抗拒,而且这种抗拒可以说正是适逢其所。除非我们真得能够产生男女平等的感觉,否则就不可能避免这种失败;而且只要人类中的一半还有对自身地位感到不满的理由,婚姻的成功就仍然有很大的障碍。合理的补救之道是对于平等的训练,而且我们也不容许孩子们对自己未来的性别角色感到模糊不清。

我相信，避免在结婚之前发生性关系，是爱情和婚姻中亲密奉献的最佳保证。我发现，大部分的男人都不喜欢自己的爱人在结婚前先献出自己的身体。有时候他们将它当成一种不贞，并因此而感到震惊。而且，在我们目前的文化中，如果在婚前存在着超越友谊的关系，女孩子的负担就会沉重得多。假如促成婚姻的是恐惧，而不是勇气，那就会犯下一种重大的错误。我们知道，勇气是合作的一方面。假如男人或女人是由于恐惧而不得不与自己的伴侣结合的，他们就不会真心与对方合作。当他们与社会地位或受教育程度比自己低的人结婚时，也会有这样的后果。他们对爱情和婚姻怀着深深的恐惧，并希望创造出一种让配偶尊敬自己的情境。

友谊是训练和培养社会兴趣的方法之一。从友谊中，我们可以学会如何推心置腹，如何体会别人的心情和感受。如果一个孩子遭遇挫折，如果他始终受人监护，如果他孤孤单单地长大，没有同伴，也没有朋友，那么他就不会发展出为别人着想的能力。他一直觉得自己是世界上最伟大的人，而且也急着要保全自己的利益。友谊的训练是为婚姻所做的一种准备。假如我们将游戏当成一种合作的训练，那么它也是很有用的；但是，在孩子们的游戏里，我们却经常能够发现与人竞争以及超过别人的欲望。如果能够设置一些让两个孩子一起工作、一起读书和一起学习的情境，将是很有意义的。我相信，我们绝对不能小看舞蹈的价值，像舞蹈这一类的活动，就属于必须由两人或两人以上共同完成的工作，因此我觉得舞蹈训练对孩子们是很有好处的。当然此处我所指的并不是那种多于两人一起跳的舞蹈。如果我们有专供孩子跳的简易舞蹈，对他们的发展必然有很大的帮助。

职业问题也能够帮助我们看出一个人是否已经为婚姻做好了准备。在今天这个社会里，对职业问题的解决必须要放在爱情和婚姻问题之前。配偶之一或夫妻双方都必须有自己的职业，这样他们才能够保障自己的生活，并为家庭提供支持。不难理解，为良好婚姻所做的准备中必定包含着良好的工作准备。

我们能够很容易地看出一个人在接近异性时所表现出来的勇敢程度，还有合作能力的程度。每一个人都有属于自己的特别的接近方法，都有他特殊的战略，以及其求爱的气质，这与他的生活样式都是协调一致的。在这种恋爱的气氛中，我们能够看出他对人类的未来是否抱有信心——是与人合作，还是只对自己感兴趣，然后临场退缩，不断地责问自己："我将演出一场什么样的戏？他们会怎么想我？"一个人在求爱时可能小心谨慎，也可能热情激进，无论如何，他的恋爱气质与他的生活样式总是相符合的，而且这只是生活样式的一种表现而已。我们不能完全根据一个人求爱时的表现来判断他是否适合结婚，因为此时他的眼前有一个直接的目标，而在其他场合，他可能会变得优柔寡断，犹疑不前。不过，我们仍然能够从中获得评判其人格的可靠指标。

在我们的文化背景下（也只有在这种背景下），人们通常会期望男性采取主动，先向女性表达自己的爱慕之意。所以，只要文化继续提出这种要求，我们就必须训练男孩子们培养出男性的态度——主动、不犹豫、不退缩。然而只有他们认为自己是整个社会生活的一部分，其利弊与自己切身相关时，他们才肯接受这种训练。当然，女性也有求爱的活动，她们也会采取主动；但在我们现在的文化背景下，大多数女性都觉得自己应当保守一些，因此她们对异性的仰慕表现在自己的风姿仪态、穿着打扮，以及顾盼谈吐之中。因此，我们可以说，男性对异性的接近是简单而肤浅的，而女性对异性的接近则是深沉而复杂的。

现在，我们可以讨论更进一步的内容了。对配偶产生性的吸引力，或是从配偶身上感受到性的吸引力，这是绝对必要的，但却应当根据人类的幸福来加以改造。如果配偶之间真正对彼此感兴趣，他们就不会遇到性的吸引力全部消失的困难。这种消失意味着兴趣的缺乏，它告诉我们，这个人对自己的伴侣不再觉得是平等友善的关系，不愿意继续合作，也不愿意再充实伴侣的生活。有时候，人们觉得兴趣仍在，但是吸引力却消失了。这绝对不是真的。我们的嘴巴经常撒谎，脑子也时常犯糊涂，但是身体的功能却会表露出实情。如果性的功能出现了缺陷，必定是两个人无法真正地协调一致。他们对彼此都已经失去了兴趣，至少是其中一人不再希望解决爱情和婚姻的问题，只是一味地寻求逃脱之道。

人类的性驱动力和其他动物的性驱动力有一点是不同的：人类的性驱动力是连续不断的，这也是保障人类幸福和繁衍延续的另一条途径，人类的数量之所以不断增长，人类的生命之所以绵延不断，并能靠着巨大的数量来安然渡过种种浩劫，都是因为这个原因。其他的动物采用其他的方法来保存种族的生命延续，例如，我们发现许多动物的雌体产下大量的卵，大部分卵在孵化成活之前就已经被毁坏了，但是总有一部分能够安然无恙，所以这些动物也能够生存下来。生儿育女也是人类保证种族延续的方法之一。所以在爱情和婚姻的问题中，我们发现，最能自发、自动地关心人类利益的人，是那些盼望着生育儿女的人，而在意识或潜意识中对自己的同类不感兴趣的人，会拒绝接受子女作为自己的负担。如果他们总是索取和期待，却不愿给予和付出，他们就不会喜欢孩子。他们只关心自己，而把孩子视为一种麻烦，一种累赘，一种负担，一种会妨碍他们自身利益的东西。因此，要想完满地解决爱情和婚姻的问题，生儿育女的决心是必不可少的。我们所知道的养育未来一代人类的最佳方法就是婚姻，这是所有人最应该记住的一点。

  在我们实际的社会生活中，对爱情和婚姻问题的解决体现在一夫一妻制上。它需要真诚的奉献，以及对配偶的关注，所以，诚心诚意开始这种关系的人就不会破坏它的基础。然而我们也知道，这种关系并非没有破裂的可能，我们永远无法避免它的破裂。把爱情和婚姻当成一种社会工作，这是我们期望能够避免关系破裂的办法之一；然后我们还需要再想尽其他各种方法来彻底解决它。这种关系的破裂之所以会发生，通常是因为配偶没有付出全部的精力，他们不想创造出美满的婚姻生活，只是等待着得到某些东西。如果他们以这种态度来面对这个问题，自然难免面临失败的结果。把爱情和婚姻看得和天堂一样是一种错误的看法，把结婚当成恋爱史诗的终结也是一种错误的看法。两个人结婚之后，他们的各种关系才算正式开始；在婚姻中，他们会开始面临真正的生活和工作，才能获得为社会做贡献的机会。另外一种观点是将婚姻看成一种终结或一个最后的目标，这在我们的文化中也是非常流行的。比方说，在许多小说中，我们都能找到这样一种观点。新婚其实是一对夫妇共同生活的开始，然而在小说描写的情节中，好像一结婚就把什么事情都圆满地解决了一样，好像他们的工作已经大功告成了。还有另外一个必须要指出来的重要观点，就是爱情本身并不能解决一切。爱情的种类非常繁多，要解决婚姻问题，最好通过工作、兴趣和合作。

在整个的婚姻关系中，并没有什么奇妙的事情。每个人对婚姻的态度都是他生活样式的一种表现，如果我们能够了解他的为人，就能够了解他的婚姻。他的婚姻和他的各种努力和目标都是一致的。因此，我们应该能够明白为什么有那么多的人总是想求得解脱或直接选择了逃避。我可以正确地说出哪些人拥有这样的态度，这些人是被宠坏了的孩子。这是我们社会生活中一种危险的类型——这些已经长大了的被宠坏了的孩子，他们的生活样式在四五岁时就已经固定，他们始终保持着这种观点："我能够得到自己想要的所有东西吗？"如果他们不能得到自己想要的每一件东西，他们就会认为生活是没有目的的。"如果我不能得到自己想要的东西，"他们问道，"生活还有什么意义呢？"他们会变得悲观，他们会产生"求死的希望"，他们把自己弄得神经兮兮，他们还会从自己错误的生活样式中构造一套哲学。这种哲学使他们认为，自己的错误观念是天下唯一的瑰宝。由于这个世界压抑了他们的欲望和情绪，所以他要表现出一种切齿的痛恨。他们一直都在受着这样的训练。他们曾经享受过一段美好的时光，那时他们能够随心所欲地得到每样东西。因此他们之中有些人仍然认为：只要哭得够响，只要提出抗议，只要拒绝合作，就能获得自己所要的任何东西。他们根本无视息息相关的人类生活，只顾个人利益。结果他们不愿奉献自己的力量，只想着不劳而获，最后变得贪得无厌。所以，对于婚姻，他们也是抱着一种浅尝辄止的态度，他们希望自己的婚姻是试验性的、露水夫妻式的，甚至可以随意离婚。在结婚前，他们会先要求得到自由以及对配偶不忠的权利。可是，如果一个人真的对另外一个人感兴趣，他就会表现出以下各种特征：他必须成为真诚的伙伴，他必须勇于负责，他必须让自己忠实可靠。我相信，从未成功地获得这种爱情生活、这种婚姻生活的人，应该了解一下自己的生活到底犯了什么样的错误。

关心孩子的幸福也是非常必要的。如果婚姻不是建立在我所主张的观点的基础上，那么它在抚育孩子方面就会遇到有很大的困难。如果父母经常吵架，并将婚姻视同儿戏，如果他们认为双方面临的问题不能顺利解决，但他们的关系却能够延续下去，那么这样的婚姻情境，是不可能帮助孩子发展自己的社会性的。

也许人们有很多不能生活在一起的理由，也许在某些场合他们确实是分开最好，但谁能做这样的决定呢？难道我们可以将这种决定权交到那些自身都未受过良好教养，自己都不了解婚姻是一项工作，只关心自己利益的人的手里吗？他们对于离婚的看法，正如他们对结婚的看法一样："从中能够得到什么好处？"显然，他们并非适合做出决定的人。你经常可以看到，许多人一再地结婚又离婚，又一再地犯下同样的错误。那么应该让谁来决定呢？也许我们能够想到：当婚姻中出了某些差错时，应当让精神病学家来决定这种关系是否应当破裂。这在我们的国家是有困难的。我不知道美国人的想法是否如此，但是在欧洲，我发现大部分精神病学家竟然主张个人利益才是最重要的。因此，当有人就此类个案中向他们请教时，他们会劝人去找一个情人，认为这样就能够把问题解决掉。我敢断言：用不了多久，他们就会改变主意，再也不会作出这样的劝告，他们之所以会作出这种建议，是因为他们不了解这个问题的整体性，以及婚姻与这个世界上的其他工作之间的紧密关系。这种关系是我一直希望人们能够特别加以注意的。

当人们将婚姻视为个人问题的解决方法时，也犯下了类似的错误。在这里，我同样无法述说美国的情形；但是我知道，在欧洲当男孩或女孩出现神经病倾向时，精神病学家会劝他们去找情人，或是开始发生性关系。对成人，他们也会给予同样的建议。这其实是将爱情和婚姻看成了灵丹妙药，结果病人会更加彷徨，更加不知何去何从。正确解决爱情和婚姻问题，能够实现最完美的整体人格。没有哪个问题能够比它包含更多的欢乐。我们绝不能把它看成一件微不足道的小事。我们也不能把它当成罪犯、酗酒者或神经病的救急药方。神经病患者在适合开始爱情和婚姻之前，必须先要接受正确的治疗；如果一个人还没有掌握应付它们的适当的能力，那最好不要贸然行事，否则就一定会遭遇新的危险和不幸。婚姻是一种崇高的理想，要想解决它，需要我们付出许多努力和创造性的活动，身心不健康的人是很难承受这一重担的。

在其他方面，婚姻也经常指向不正当的目标。有些人是为了经济上的安全才结婚的，有些人是为了怜悯别人，还有些人是为了获得一个侍候他的仆役。在婚姻中，绝不容许发生这一类如同儿戏般的情况。我还了解到，有些人结婚甚至是想借此来增加自己的困难。

例如，一个青年人在考试或事业上遇到了重重困难，他因此而觉得自己是个很容易失败的人，如果他真的失败了，他希望借婚姻来原谅自己。因此，他通过婚姻给自己增添了不少麻烦，从而获得了脱身之词。

我敢断定，我们不但不应该小看这个问题，而且应该将它放在一个重要的位置。在我听说过的所有婚姻关系破裂的案件中，实际受到伤害的总是女方。毫无疑问，因为男士在我们的文化中受到的拘束较少。这是我们所犯的一种错误，但它却无法通过个人反抗而得到改正。尤其是在婚姻中，个人的反抗总会扰乱社会关系和伴侣的兴致。要想克服它，只有先认清我们文化的整体态度，然后再加以改变。我的学生——底特律的罗席教授（Professor Rasey）曾经做过一次调查，发现有42％的女孩都希望自己能够变成男人，这表明她们对自己的性别感到不满。当一般的人类对她们所处的地位感到沮丧和不满，而且反对另一半享有更多的自由时，爱情和婚姻的问题还能够轻而易举地得到解决吗？当妇女们总是受人轻视，认为自己不过是男人的玩物，或是认为男人不忠理所当然时，那么，爱情和婚姻的问题还能够轻而易举地得到解决吗？

从以上各点中，我们可以得出一个简单明了而且实用的结论：人类并不是天生就该一夫多妻或一夫一妻的。但是，我们居住在地球上，被分成了两种性别；我们必须和与自己平等的人交往，我们必须采用有效的方式解决环境强加给我们的三个生活问题——以上这些事实都能够帮助我们认清一点：只有一夫一妻制才能使个人在爱情和婚姻中获得最高、最完美的发展。